W0242754

LA LIBRAIRIE DU XXIe SIÈCLE

Collection

dirigée par Maurice Olender

Henri Atlan

L'Utérus artificiel

Éditions du Seuil

ISBN 2-02-079978-2

© ÉDITIONS DU SEUIL, MARS 2005

Le Code de la propriété intellectuelle interdit les copies ou reproductions destinées à une utilisation collective. Toute représentation ou reproduction intégrale ou partielle faite par quelque procédé que ce soit, sans le consentement de l'auteur ou de ses ayants cause, est illicite et constitue une contrefaçon sanctionnée par les articles L.335-2 et suivants du Code de la propriété intellectuelle.

www.seuil.com

Pour Béla Kohn-Atlan

I

Le Meilleur des mondes

Après la pilule contraceptive, l'insémination artificielle, la fécondation *in vitro*, une prochaine étape sera l'ectogenèse, c'est-à-dire l'utérus artificiel. Dans *Le Meilleur des mondes*, d'Aldous Huxley, l'ectogenèse joue un rôle déterminant. Mais il ne s'agit pas seulement d'un « simple » utérus artificiel. La possibilité de gestation extracorporelle est une condition nécessaire de l'organisation sociale eugéniste imaginée par Huxley. L'ectogenèse y est présentée comme un moyen, intégré à un système plus général, permettant de mettre en œuvre le programme de conditionnement intégral qui caractérise l'organisation en question.

L'ectogenèse est la phase initiale, évidemment déterminante, de ce conditionnement qui dure en fait toute la vie, au service d'un gouvernement mondial totalitaire d'autant plus efficace qu'il est accepté volontairement par les individus, sans aucune violence, à l'aide, en cas de besoin, d'une drogue euphorisante sans danger – le « soma » – que tous ont appris à utiliser quand ils sentent que c'est nécessaire ; autoconditionnement qui fait suite au conditionnement planifié, d'abord biologique – pendant l'ectogenèse – puis psychologique – pendant l'enfance, l'adolescence et plus tard. Autrement dit, l'ectogenèse est au service de ce totalitarisme mondial « doux », qui fonctionne (presque) sans accroc ni souffrance. Elle est pratiquée dans des « Centres d'Incubation et de Conditionnement » au service de l'« État mondial » dont la devise est : « Communauté, Identité, Stabilité ». C'est par ces mots que commence le premier chapitre du livre, où sont décrites en détail les différentes étapes de cette ectogenèse. Ces étapes sont matérialisées par différentes salles du Centre, aux noms évocateurs de Salle de Fécondation, de Mise en Flacons, de Prédestination Sociale, et enfin de Décantation, c'est-à-dire de naissance.

Il va de soi que tout cela est réalisé dans une société où les notions de famille, de père et de mère ont disparu. Elles sont même considérées comme des obscénités qui furent le propre des sociétés humaines archaïques, à peine sorties de l'animalité ; société fondamentalement individualiste en ce sens que les intermédiaires entre l'individu et l'humanité dans son ensemble ont disparu, et sont réduits aux cercles professionnels ou de loisirs dans lesquels chaque individu trouve « naturellement » sa place, suivant les conditionnements qui l'ont façonné en « alpha plus » ou en « epsilon ». Il va de soi également que la sexualité, source de plaisir aussi diversifiée que possible, est totalement dissociée de la procréation. Il est important de rappeler ces éléments de la fiction de Huxley afin de ne pas réduire le roman à ses perspectives strictement biologiques. C'est là un aspect, et non des moindres, du génie anticipateur de son auteur. Les craintes que nous pouvons avoir de ce que cette fiction soit en cours de réalisation sont justifiées non seulement par les performances techniques de procréations médicalement assistées, dont l'ectogenèse sera très certainement un point d'orgue, mais encore par le fait que ces performances sont accompagnées de modifications sociales qui pointent elles aussi dans la même direction. Il semble en être ainsi pour la globalisation non seulement économique mais culturelle, la dissociation en cours entre sexualité et procréation, l'évolution vers un individualisme et le règne d'un certain *désir*, dont la satisfaction à tout prix est de plus en plus reconnue comme l'exercice de droits fondamentaux accompagnant la « liberté individuelle » comme valeur suprême.

C'est dans ce contexte, et avec cet avenir possible

pour les générations futures, que nous devons imaginer les conséquences de l'utérus artificiel, étant entendu que les performances techniques, comme par le passé, ne pourront pas être dissociées de l'environnement social qu'elles auront contribué par ailleurs à faire advenir.

Dans cet exercice de prospective, il est intéressant de se reporter à un exercice analogue effectué par le grand généticien John B. S. Haldane en 1923. C'est au cours d'une conférence à Cambridge, à un club d'étudiants dénommé « Les Hérétiques », que Haldane inventa le mot « ectogenèse », pour désigner une technique permettant de faire se développer des embryons humains hors du corps des femmes depuis la fécondation jusqu'à la naissance. Il imaginait un étudiant cent cinquante ans plus tard, soit environ en 2070, faisant l'histoire des découvertes marquantes du XXe siècle et de la première moitié du XXIe. Dans cette histoire, la première ectogenèse humaine était datée de 1951 et elle constituait évidemment un tournant décisif dans l'évolution de l'humanité telle que l'imaginait Haldane. Il faut savoir que cette conférence, très vite publiée, intitulée « Dédale ou la science et l'avenir[1] », du nom du héros du mythe grec de Minos et du Minotaure, fut une source d'inspiration directe pour Aldous Huxley et son *Meilleur des mondes*.

Haldane faisait partie du cercle d'intellectuels progressistes anglais de Bloomsfield et sa famille était liée à celle des frères Huxley. Mais la tonalité de *Dédale* est très différente de celle du *Meilleur des mondes.* Bien que, dans une partie de sa conférence, il utilise la fiction d'un exposé scolaire en 2070, Haldane présente non pas une fiction mais un ensemble de prédictions sur l'évolution des sciences et des techniques et sur les effets de cette évolution sur les sociétés humaines, les mœurs et les croyances. Avec un recul de quatre-vingts ans, nous trouvons dans ces prédictions des erreurs flagrantes mais aussi des intuitions exactes. Parmi ce que Haldane n'avait pas vu, on peut citer l'utilisation de l'énergie nucléaire, dont il disait explicitement que la radioactivité ne serait pas une source d'énergie utilisable quand les réserves de charbon et de pétrole seraient épuisées ; et l'ordinateur dont il ne pouvait pas soupçonner l'existence et l'extension des usages. Par contre, il avait bien vu que la biologie deviendrait une science dominante et qu'elle produirait très vite des techniques de procréation susceptibles de modifier les caractères génétiques de l'espèce humaine, tant collectivement qu'au niveau des individus. Ces modifications s'accompagneraient inévitablement d'organisations sociales et politiques différentes que Haldane s'efforçait de prévoir de façon aussi réaliste que possible, avec un mélange de pessimisme et d'optimisme assez différent de la tonalité générale catastrophique du roman d'Aldous Huxley. Cela tient sans doute à la personnalité complexe de Haldane, qui s'exprime assez bien dans son *Dédale*.

Son pessimisme était nourri, entre autres, de l'expérience de la Première Guerre mondiale, avec les tueries massives qui entraient dans l'histoire et dont il fut un témoin actif dans l'armée britannique. Mais il était par ailleurs marxiste convaincu et son activité scientifique lui donnait une confiance totale en la physiologie et la médecine dont il prédisait qu'elles réussiraient à éradiquer la maladie, en sorte que tous les membres d'une même génération mourraient ensemble à un âge avancé. Surtout, il croyait aux bienfaits de la génétique comme moyen futur d'améliorer l'espèce humaine. En cela, il ne faisait que partager une idéologie eugéniste avec tous les généticiens de son temps. Mais contrairement à certains d'entre eux, il atténuera très largement son eugénisme après que le mouvement eugéniste eut sombré dans la barbarie nazie[2]. Il avait déjà noté dans son *Dédale* que les connaissances en biologie étaient encore très primitives. Haldane participa ensuite dans les années 1930, avec Fisher, Wright, Hogben et Penrose, à l'élaboration de la théorie mathématique néodarwinienne, dite théorie synthétique, qui a dominé la biologie théorique du XXe siècle. Cela le conduisit probablement à des vues plus nuancées sur les mécanismes de l'évolution humaine et les avantages évolutifs que l'on pouvait attendre de reproductions sélectives orientées.

Violemment opposé aux programmes de stérilisations généralisées, il avait tenté de contrebalancer la propagande eugéniste nazie en soulignant le rôle du polymorphisme en génétique humaine. En 1964, en plein triomphe de la génétique moléculaire, lors d'un congrès international de génétique, Haldane affirmait encore le caractère largement insuffisant des connaissances en génétique humaine pour permettre quelque planification eugénique que ce soit, alors qu'il envisageait des éventualités évolutives cette fois sur dix mille ans, et non plus sur cent cinquante ans ! Et il notait que l'histoire récente en Europe donnait « un exemple des effets épouvantables de fausses croyances en génétique humaine [3] ». Mais l'eugénisme qu'il prévoyait en 1923 était radical, ne se limitant pas à celui qui était communément admis et qu'il raillait comme « une composition du policier, du prêtre et du procureur qui nous traînerait à intervalles adéquats au temple local de Venus Genitrix avec un(e) partenaire choisi(e), apparemment, par quelque chose de l'ordre d'un honorable comité médical [4] ». Cela, il l'écrivait avant que le régime nazi eût effectivement institué ses *Lebensborn* comme de tels temples[5]. Mais cette technique de mariages par appariements orientés, déjà préconisée par Platon, lui semblait très primitive par rapport à une reproduction sélective véritablement scientifique que la biologie du futur devait rendre possible. Alors, l'ectogenèse et les modifications à la demande des caractères génétiques des enfants ainsi produits seraient au centre de ce système par lequel une espèce humaine améliorée pourrait assurer sa reproduction. Il fait dire à l'étudiant de sa fiction en 2070, alors que l'ectogenèse est pratiquée sur toute la terre et que seulement 30 % des enfants sont nés de femmes, comment la biologie de la reproduction a sauvé l'humanité :

> Sans l'ectogenèse, il y a peu de doute que la civilisation se serait effondrée en un temps relativement court du fait de la plus grande fertilité des membres les moins désirables de la population dans presque tous les pays[6].

Outre les « bienfaits » de cet eugénisme radical rendu possible par l'ectogenèse, Haldane voyait dans les retombées sociales et psychologiques de la séparation qui serait alors achevée entre sexualité et reproduction la source de plus grandes libertés et de l'égalité des sexes. Il gardait pourtant une nostalgie anticipée pour « l'ancienne vie de famille » qui serait en danger de disparition et serait peut-être maintenue artificiellement, par exemple, par inductions hormonales de lactation visant à préserver l'ancien « instinct maternel » ! Mais, de toute façon, « les avantages de la sélection l'auraient largement emporté sur ces quelques inconvénients ». À la disparition des maladies et aux enfants sur commande, il associait aussi dans ses prédictions le développement de substances toxiques et euphorisantes, sans danger contrairement à l'alcool, dont le tabac (!) et le café n'étaient que des précurseurs encore peu efficaces. On voit là évidemment l'annonce du « soma » du *Meilleur des mondes* de Huxley. Le cannabis, le LSD, la mescaline, le Prozac et autres substances psychoactives sont un début de confirmation de cette prédiction aussi. Mais ce qui est intéressant chez Haldane est justement son articulation des découvertes biologiques futures avec les bouleversements sociaux qu'il prévoit, où ce mélange de pessimisme et d'optimisme est le plus apparent.

D'abord son héros : Dédale et non Prométhée, la figure classique de l'homme qui dérobe le feu à Zeus et inaugure la civilisation par une transgression de l'ordre divin. Dédale a fait les premières statues animées et inventé la colle. C'est lui qui a conçu le labyrinthe pour y enfermer le Minotaure avec sa ration quotidienne de jeunes gens et de jeunes filles. Il se sert de la colle de son invention pour fabriquer des ailes à l'aide de plumes d'oiseau et s'envoler avec son fils Icare, s'échappant ainsi du labyrinthe où il était prisonnier. Minos le fait poursuivre mais en vain. Il disparaît de la mythologie, après qu'Icare son fils, première victime de l'*hubris* technologique, ayant voulu voler trop haut et s'étant rapproché du Soleil, a vu fondre la colle de ses ailes et a ainsi fait la première expérience d'un accident d'aviation. Dédale, lui, maîtrise, semble-t-il, les techniques qu'il développe, sans se soucier des dieux ni de la morale, et c'est lui qui, pour Haldane, représente le mieux l'aventure humaine de la maîtrise de la nature par la science et la technique. Dédale n'est pas Prométhée : il n'est pas puni par les dieux pour leur avoir dérobé le feu et sa puissance. Frankenstein (1817), de Mary Shelley[7], est placé sous le signe de Prométhée car il représente la transgression et les conséquences néfastes qui s'ensuivent. Au contraire, l'habileté technique de Dédale n'entraîne aucune punition, même si elle produit des horreurs et s'inscrit dans un enchaînement fou de passions humaines (royales) et divines. C'est pourquoi il représente pour Haldane le premier homme moderne en ce qu'il ne se préoccupe pas des dieux et que sa technique est amorale. Rappelons que

Dédale, avant de construire le labyrinthe, met son habileté au service de la reine de Crète, Pasiphaé, possédée d'un désir sexuel « illimité », punition que le dieu des océans, Poséidon, inflige au roi Minos car celui-ci a subtilisé un taureau d'origine divine qu'il devait lui offrir en sacrifice. Dédale conçoit un dispositif de cuir, sorte de gaine permettant à Pasiphaé d'apparaître comme une génisse offerte et de satisfaire ainsi son désir grâce au taureau en question. C'est de cette sexualité « sans limites » – en quantité et en qualité, en ce qu'elle s'étend de l'humain à l'animal (sur le modèle, d'ailleurs, de la sexualité divine par laquelle Zeus transformé en taureau a fécondé Europe, d'où naquit le roi Minos) – que naît ensuite le Minotaure, être hybride – on dirait aujourd'hui une « chimère » –, à tête de taureau sur un corps humain, au mugissement mortel et à l'appétit lui aussi presque sans limites.

Pour Haldane, la naissance du Minotaure des amours de Pasiphaé et du taureau sacré, rendue possible par la technique de Dédale, fait de celui-ci l'auteur d'« un succès en génétique expérimentale dont on peut dire à coup sûr que la postérité ne l'a jamais égalé[8] ». Le fait que ce « succès » ait produit une monstruosité/perversion, pas plus que l'assassinat de Minos (fils de Zeus) qui lui permet d'échapper à sa poursuite, n'entraîne aucun châtiment, naturel ou surnaturel. C'est en cela essentiellement que Dédale est moderne, en ce qu'il fut « le premier à démontrer que le travailleur scientifique ne se préoccupe pas des dieux. L'esprit inconscient des anciens Grecs, qui a projeté sur ce personnage étonnant les sombres traditions de la science minoenne, le savait probablement. L'action la plus monstrueuse et antinaturelle dans toutes les légendes humaines n'a été punie ni dans ce monde ni dans l'autre. Même la mort d'Icare devait avoir peu de poids pour un homme qui avait déjà été banni d'Athènes pour le meurtre de son neveu. Pourtant, s'il échappa à la vengeance des dieux, il resta exposé à la réprobation universelle et perpétuelle d'une humanité à qui les inventions biologiques font horreur, avec toutefois une exception très significative. Socrate était fier de le proclamer comme un de ses ancêtres[9] ».

C'était en effet le propre, pour Haldane, de toute invention biologique depuis les plus anciennes, d'apparaître comme une perversion avant d'être plus tard acceptée et même transformée en rituel social, faisant l'objet de croyances et de préjugés plus jamais mis en doute. La domestication des animaux et des plantes lui fournissait l'exemple de notre relation dévoyée aux vaches où le lait, réalité la plus sacrée de la relation entre la mère et l'enfant, devient objet de traite, éventuellement mécanisée, avant de pourrir pour devenir fromage. De même, notre vin et notre bière, donnant lieu à des rituels sociaux qui nous semblent des plus naturels, proviennent de processus de corruption tout aussi dégoûtants, quand on y pense. « Il y a quelque chose d'un peu dégoûtant dans l'idée de traire une vache électriquement ou de boire de la bière dans des verres à thé. Et tout cela s'applique encore plus fortement à l'acte sexuel[10]. » C'est cet humour à froid et cette suite d'*understatements* qui permettent à Haldane de s'excuser par avance pour les horreurs et les indécences dont il prédit que la biologie future accouchera, si l'on peut dire, avant qu'à leur tour elles ne soient socialement intégrées et métabolisées, pour le bonheur, en fin de compte et malgré tout, de l'humanité. Car Haldane n'est pas dépourvu de morale. Mais il est conscient de l'ambivalence fondamentale de la science comme source de bonheur et de malheur en même temps. Il rejoint là sans le savoir, semble-t-il, les interprétations du mythe biblique de l'arbre de connaissance, en tant que « bon et mauvais » à la fois, plutôt qu'« arbre de la connaissance du bien et du mal »[11]. C'est pourquoi l'optimisme l'emporte en fin de compte, peut-être comme pour Dédale, dans une vision à la fois tragique et paradoxale, où le pire n'est jamais sûr, bien qu'il ne soit pas exclu.

Le mythe et la fiction ont largement anticipé, par l'imagination, les productions les plus étonnantes, présentes et à venir, de la science et des techniques. Car l'humanité ne s'est engagée que très récemment – depuis trois siècles à peine – dans l'aventure du progrès scientifique moderne, avec l'efficacité qu'on peut lui reconnaître aujourd'hui. Il aurait été certes souhaitable que les pouvoirs ainsi acquis aient été placés entre les mains d'êtres qui auraient appris auparavant à vivre en se contrôlant eux-mêmes ; des êtres qui, comme le suggère le mythe biblique, auraient mangé de l'« arbre de vie » avant l'« arbre de connaissance »[12]. Au lieu de cela, l'homme armé de science est, selon Haldane, « comme un bébé avec une boîte d'allumettes[13] ». Aussi, les scénarios catastrophe ne peuvent pas être exclus : autodestruction de l'humanité rendue possible par la multiplication et l'efficacité d'armements aux techniques toujours plus sophistiquées ; ou transformation de l'espèce humaine en simple excroissance des machines qui l'auront remplacée dans la maîtrise de la planète. Ces scénarios et d'autres pourront même nourrir des espoirs de voir s'arrêter le progrès scientifique. Mais ces espoirs auront peu de chances de se réaliser, car tant la recherche du profit en régime capitaliste que celle des progrès sociaux en régime socialiste poussent au contraire vers toujours plus de science. Mais déjà les destructions massives de la Première Guerre mondiale avaient eu pour effet un début de rejet de la guerre comme moyen normal de régler les conflits. La Seconde Guerre mondiale, suivie par l'équilibre de la terreur nucléaire pendant la guerre froide, devait faire avancer l'humanité sur la voie d'un progrès moral et politique inconnu jusque-là : la mise hors la loi de la guerre et son remplacement progressif par la négociation, et l'élaboration, encore balbutiante, d'une légalité internationale[14]. Cette évolution paradoxale, où un plus grand bien peut sortir des abîmes produits par certaines techniques, pousse Haldane à cette forme d'optimisme tragique sur l'avenir de l'humanité embarquée dans son aventure scientifique :

> La tendance de la science appliquée est d'amplifier les injustices jusqu'à ce qu'elles deviennent trop intolérables pour être supportées, et l'homme moyen, que tous les prophètes et les poètes n'avaient pas pu ébranler, se détourne enfin et éteint le mal dans sa source[15].

C'est à la lumière de cet espoir qu'il imagine que les projets futurs de la biologie de la reproduction, malgré leurs caractères éventuellement « répugnants » au premier abord, rendront intolérables les injustices des relations présentes entre les sexes. Car « le progrès moral est si difficile que [...] tout développement doit être bienvenu en ce qu'il présente une alternative à la destruction pure et simple, quelle que soit l'horreur du stimulus nécessaire avant que l'homme ne franchisse l'étape morale en question[16] ».

On peut évidemment ne pas partager les goûts et les dégoûts de John B. S. Haldane, ni cette philosophie morale, cynique et mécaniste. Mais on ne peut nier qu'elle trace de nouveaux chemins et offre des alternatives au catastrophisme de l'heuristique de la peur, d'un côté, ou à l'adoration béate du progrès scientifique, de l'autre : devant des perspectives de techniques porteuses d'horreur, tenter le plus tôt possible de séparer le bon grain de l'ivraie et, en même temps, d'imaginer des évolutions des structures sociales dans lesquelles ces techniques seront au contraire porteuses de plus grand bonheur et, par là, de progrès moral.

II

Vers l'utérus artificiel

Quatre-vingts ans après la publication de *Daedalus*, la biologie a à la fois confirmé et infirmé les prédictions de Haldane. L'ectogenèse qu'il avait prévue pour 1951 n'est pas encore là. Par contre, c'est à quelques années près à cette date que la structure de l'ADN était découverte et que commençaient les grandes aventures de la biologie moléculaire et des technologies du gène. Il ne pouvait évidemment pas avoir prévu le détail des technologies de l'ADN, mais il avait correctement vu que la génétique se développerait jusqu'à donner le moyen d'agir directement sur des génomes individuels. En même temps, la biologie de la reproduction produisait tout à la fois une contraception féminine efficace, permettant de prévenir des grossesses non désirées, et des techniques de fécondation *in vitro* permettant de pallier des stérilités masculines et féminines de toutes sortes. La fécondation d'un ovule par un spermatozoïde étant effectuée au laboratoire, on peut considérer qu'il s'agit là d'une première étape sur le chemin de l'ectogenèse. Mais l'implantation de l'œuf fécondé dans un utérus féminin reste une nécessité absolue pour que se développent l'embryon puis le fœtus, et qu'une naissance puisse s'ensuivre. Une véritable ectogenèse impliquerait la possibilité de gestation depuis le début jusqu'à son terme dans une sorte d'incubateur fonctionnant comme un utérus artificiel. Les tentatives de fabriquer de tels utérus artificiels ont été jusqu'à aujourd'hui très peu nombreuses et sont loin d'avoir abouti car les difficultés sont très grandes. Mais, comme nous allons le voir, elles ne sont pas insurmontables et l'on peut prédire qu'elles auront été surmontées dans un avenir de cinquante à cent ans au maximum.

Par rapport aux prédictions de Haldane et à la fiction d'Aldous Huxley, nous sommes donc très en retard sur le front de l'ectogenèse et assez en avance sur celui de la génétique moléculaire et des techniques de fabrication de cellules embryonnaires en laboratoire. Car ces techniques ne sont pas limitées aux fécondations *in vitro*. Depuis la naissance de la brebis Dolly, on sait qu'il est possible, bien que techniquement difficile, de faire naître des mammifères par clonage. La perspective de clonage reproductif humain est maintenant devenue un point d'orgue – encore théorique, mais semble-t-il à portée de main si on le décide – dans la dénaturalisation de la reproduction humaine. Haldane n'envisageait même pas une telle possibilité. En fait, jusqu'en 1997, année de naissance de Dolly, la plupart des biologistes considéraient le clonage de mammifères comme une impossibilité de principe, au même titre par exemple que la parthénogenèse. Cette impossibilité ayant été démontrée comme fallacieuse, le débat est engagé, comme on sait, éthique et juridique, sur le caractère souhaitable, légitime ou totalement inacceptable, voire criminel, de la mise en œuvre de travaux visant à faire naître des enfants humains par clonage.

Nous reviendrons plus loin sur les rapports entre utérus artificiel et clonage, qui se renforceraient l'un l'autre, tant sur le plan technique que sur celui de la dramatisation des retombées sociales, culturelles et éthiques qui accompagneraient leur utilisation en reproduction humaine.

Voyons d'abord brièvement où en sont les essais de fabrication d'utérus artificiels, car il se trouve que quelques chercheurs se sont déjà engagés sur cette voie. Le but est de créer des conditions pour que des embryons, d'abord d'animaux, se développent en dehors du ventre de leur mère. Depuis une fécondation *in vitro* jusqu'à la naissance, tout devra donc se passer dans une espèce d'incubateur assurant les fonctions normales d'un utérus, du placenta et de l'organisme maternel lui-même en tant qu'appareil nutritif et d'excrétion, ainsi que source de stimulations diverses de plus en plus étudiées. Les difficultés techniques sont loin d'avoir été surmontées et c'est pourquoi on ne peut raisonnablement pas faire de prédictions sur le nombre d'années qui seront nécessaires. Mais ces difficultés n'ont rien de fondamental et c'est pourquoi l'on peut parier qu'elles seront surmontées, dans un avenir peut-être pas très éloigné.

En effet, de quoi s'agit-il ? De reproduire artificiellement un ensemble de membranes et de mécanismes d'échanges qui assurent le fonctionnement d'un placenta, du liquide amniotique, des membranes et des parois de l'utérus qui constituent l'environnement normal d'un embryon pendant la grossesse. Le rein artificiel reproduit certains des mécanismes d'échanges normalement effectués par des membranes sophistiquées contenues dans les reins. Mais ces échanges sont bien connus et relativement simples si on les compare à ceux qu'assure le placenta. On a affaire ici à une machine beaucoup plus compliquée, mais qui ne met pas en œuvre des principes inconnus. Autrement dit, contrairement aux essais de clonage, de parthénogenèse ou de bouturage d'organismes animaux, qui posent des questions fondamentales difficiles quant à leur possibilité théorique, on ne touche ici à rien de fondamental du point de vue de la biologie du développement. Il ne s'agit, en forçant le trait, que d'un problème de tuyauterie très compliqué. Les essais en cours tentent en fait de reproduire *deux* sortes de processus différents, qui constituent les fonctions de l'utérus dans la gestation. Pour l'heure, le début et la fin de la grossesse, respectivement jusqu'au cinquième jour et à partir de la vingt-quatrième semaine, peuvent déjà se dérouler en dehors du corps d'une femme. Après fécondation *in vitro*, l'œuf fécondé peut se développer au laboratoire jusqu'au stade de blastocyste avant d'être implanté dans un utérus. (Un blastocyste est une structure de quelques dizaines de cellules, produite normalement par divisions successives de l'ovule fécondé environ cinq jours après la fécondation. Les cellules sont organisées autour d'une cavité centrale qui contient une masse de cellules particulières à partir desquelles se constituent l'embryon proprement dit, puis le fœtus, à la condition, évidemment, que le blastocyste soit implanté dans l'utérus et s'y développe normalement. En cas de clonage non reproductif, le blastocyste n'est pas implanté dans un utérus et c'est à partir de cette masse cellulaire interne que sont extraites et cultivées en laboratoire des cellules souches embryonnaires « totipotentes ». Celles-ci sont capables de se différencier en cellules de tout tissu ou organe, suivant les différents facteurs de croissance utilisés dans le milieu de culture. Lorsqu'une cellule produite par transfert de noyau de cellule adulte déjà différenciée est capable de se diviser comme un ovule fécondé et de produire *in vitro* une structure de blastocyste, on dit, métaphoriquement, que le génome du noyau a été « reprogrammé ». On veut dire par là que, de son état de génome de cellule différenciée, il est retourné au stade initial du génome de la cellule-œuf unique et indifférenciée, produite par fécondation, à partir de laquelle tout a commencé. Il s'agit là de la première étape d'un clonage à visée thérapeutique. La deuxième étape consiste à réussir à mettre en culture des cellules souches embryonnaires à partir du blastocyste artificiel ainsi fabriqué.)

À l'autre extrémité, à partir de la vingt-quatrième semaine, les bébés prématurés peuvent être maintenus en vie et sc développer jusqu'à terme dans des incubateurs, où ils bénéficient de soins intensifs, ne permettant pourtant pas toujours d'éviter des anomalies cérébrales graves et irréversibles, dues notamment à une mauvaise oxygénation par des poumons encore mal développés.

Une ectogenèse complète impliquerait donc de combler l'écart actuel d'environ six mois entre les cinq jours et vingt-quatre semaines de grossesse qui ne peut se dérouler actuellement que dans le ventre d'une femme. C'est dans ce but que des expériences préliminaires ont été faites, d'abord avec des embryons animaux et, dernièrement, avec des embryons humains. Ces expériences sont donc de deux sortes, correspondant au commencement et à la fin de la grossesse. Elles ont tenté jusque-là de résoudre séparément les problèmes que posent ces deux étapes de la gestation. La première consiste à reproduire artificiellement l'implantation et la nidation d'un œuf fécondé de quelques jours dans l'endomètre, la muqueuse qui recouvre la paroi interne de l'utérus. La deuxième consiste à fabriquer un environnement reproduisant le milieu dans lequel se développent l'embryon et le fœtus jusqu'à la naissance, c'est-à-dire le liquide amniotique, dont la composition, qui évolue au cours de la grossesse, est déterminée par des échanges avec le sang maternel contrôlés par le placenta.

Dans les années 1970, Denis New et Robert Edwards, à Cambridge, commencèrent à faire se développer des fœtus de rat en tube à essai contenant un milieu nutritif. Le développement fut apparemment normal jusqu'à mi-course, puis s'arrêta. En 1990, une équipe de Louvain montra que des embryons de rat à deux cellules se divisent en quatre cellules plus rapidement quand ils sont cultivés en même temps que des cellules utérines pendant vingt-quatre heures. Et de conclure que celles-ci produisent un ou plusieurs facteurs permettant aux cellules embryonnaires de mieux se développer[17]. Des résultats d'expériences plus avancées ont été rapportés, montrant récemment (2002) que des chercheurs se sont fermement engagés dans la réalisation d'utérus artificiels[18]. Au Japon, Yoshinori Kuwabara de l'université Juntendo de Tokyo avait entrepris, dès 1990, de faire se développer des fœtus de chèvre retirés de leur mère dans des réservoirs en plastique remplis de liquide amniotique, tandis que leur cordon ombilical était raccordé à deux machines qui éliminaient les déchets et leur apportaient des éléments nutritifs. Les fœtus furent maintenus en vie jusqu'à trois semaines dans ces conditions. Après quoi, certains d'entre eux, sortis de leur réservoir, restèrent en vie pendant quelques jours ou plus, mais aucun n'a survécu. De son côté, Helen Hung Ching Liu et son équipe de l'université Cornell, aux États-Unis, ont tenté de reproduire l'implantation d'embryons humains dans une ébauche d'utérus artificiel. Pour cela, des cellules endométriales humaines ont été cultivées sur un support artificiel biodégradable constituant la paroi intérieure d'une cavité en forme d'utérus. Après que le support eut été dissous, des éléments nutritifs et des hormones furent ajoutés. Des embryons humains préalablement produits par fécondation *in vitro*, et développés jusqu'au stade de blastocyste, à cinq jours, furent placés à l'intérieur de la cavité. Ils se sont alors attachés à l'endomètre artificiel et ont commencé à se développer. L'expérience fut interrompue après six jours.

Certes, on est encore loin d'un véritable utérus artificiel dans lequel toutes les étapes d'un développement de mammifère pourraient se dérouler normalement depuis l'implantation jusqu'à la naissance. Mais il est instructif d'observer que les discussions ont déjà commencé aux États-Unis sur les avantages et les inconvénients, d'ordre médical et éthique, de l'ectogenèse humaine par rapport à la gestation habituelle dans le ventre d'une femme. Tout se passe comme si celle-ci était vouée un jour ou l'autre à disparaître. C'est ce qu'indique le sujet d'une conférence internationale tenue à Oklahoma State University, en octobre 2002 : « The End of Natural Motherhood ? The Artificial Womb and Designer Babies » (La fin de la maternité naturelle ? La matrice artificielle et les bébés du « design »). Il est remarquable que les perspectives de « design » de bébés à la demande, par tri génétique, par transgenèse et éventuellement par clonage, soient associées à l'ectogenèse dans ces interrogations anxieuses, alors qu'elles impliquent des techniques très différentes. C'est que, comme nous le verrons, les unes et les autres ont toutes chances de se potentialiser quant à leurs retombées sociales et anthropologiques.

L'utérus artificiel « tardif »

Pour ce qui est des travaux qui tentent de reproduire une cavité amniotique et un placenta, ils peuvent avoir des applications médicales avant même qu'une gestation extracorporelle complète ne soit réalisable. Il s'agit là en effet d'utérus artificiels « tardifs », si l'on peut dire, ne concernant que des fœtus déjà développés. En fait, Kuwabara et les membres de son équipe, qui ont poursuivi les travaux après sa mort en 2000, utilisaient un liquide amniotique artificiel mis au point auparavant par Thomas Shaffer, susceptible d'aider les bébés grands prématurés à être normalement oxygénés par « ventilation liquide » alors que les poumons ne sont pas encore fonctionnels : le liquide qui remplit les poumons contient un dérivé perfluoré qui transporte l'oxygène et supplée ainsi une ventilation normale. Autrement dit, la finalité de ces travaux, actuellement arrêtés, semble-t-il par manque de financement, était d'avancer d'au moins quelques semaines le délai de viabilité fœtale hors du corps de la mère, actuellement de vingt-quatre semaines, et qui comporte encore des risques sérieux d'anoxie cérébrale par oxygénation insuffisante.

Si ces travaux se développent, dès que ces appareils seront au point, ils remplaceront probablement très avantageusement les incubateurs actuels dans lesquels sont maintenus en vie les grands prématurés. On peut concevoir en effet qu'ils donneront lieu à moins de troubles respiratoires et d'anoxies responsables de lésions cérébrales parfois très graves. En outre, des fœtus plus jeunes, considérés comme non viables en l'état actuel des techniques de réanimation néonatale, seront transférés dans ces utérus artificiels et continueront leur développement jusqu'à leur terme. Autrement dit, beaucoup d'avortements spontanés, non désirés, pourront être prévenus : des fœtus de quelques semaines, en danger d'être perdus, seront sauvés en étant prélevés de l'utérus de leur mère et transférés dans un utérus artificiel. C'est pourquoi ces travaux sont actuellement présentés comme destinés avant tout à la prévention des avortements. Non seulement certains avortements spontanés seraient ainsi évités, mais des avortements provoqués pourront être remplacés par des mises en utérus artificiel évitant ainsi la mort du fœtus. Si la mère ne désire pas garder l'enfant, elle n'aura pas à le porter toute sa grossesse sans avoir pour autant à le tuer. Elle pourra alors le donner, par exemple dans les conditions actuelles d'accouchement sous X, mais bien avant la naissance et avant même qu'il ne soit devenu un bébé viable. On comprendra donc que cette perspective ne soit pas faite pour déplaire à tous ceux et celles qui s'opposent aux avortements, notamment aux mouvements « pro-life » ou « laissez-les vivre », aux États-Unis et ailleurs.

Pour ces raisons, et aussi pour des raisons techniques, il est probable que ces utérus artificiels tardifs seront réalisés d'abord, en un premier temps, bien que plusieurs difficultés restent toujours à surmonter. Les principaux problèmes techniques qui se posent tiennent à une propriété extraordinaire du placenta qui est encore loin d'être comprise dans ses détails et encore moins d'être techniquement maîtrisée. Le placenta assure au fœtus, *de différentes façons suivant son âge*, l'apport d'éléments nutritifs et d'hormones en provenance de la mère ainsi que l'élimination des déchets de son métabolisme. Les besoins du fœtus sont différents aux différentes étapes de son développement, et l'évolution de la grossesse, chez la mère, est adaptée à l'évolution de ces besoins. La composition du liquide amniotique et de ce qui arrive au fœtus change ainsi au cours du développement par des mécanismes, notamment hormonaux, qui sont encore mal connus. C'est la connaissance et la compréhension de ces mécanismes, permettant ensuite la fabrication de machines programmées pour les reproduire, qui constituent les principales difficultés à surmonter avant que des utérus artificiels tardifs ne puissent faire la preuve de leur efficacité ; c'est-à-dire avant que des fœtus de mammifères, sortis de l'utérus de leur mère où ils auraient commencé à se développer, ne puissent y poursuivre un développement jusqu'à terme et que le cordon puisse être coupé hors de la machine, donnant naissance à un bébé normal.

Nous en sommes encore loin et c'est pourquoi, en l'état actuel de la technique chez l'animal, il n'est pas concevable, ni moralement ni légalement, de réaliser des essais sur des fœtus humains dans le but de les amener à terme. Il s'agirait là d'une transgression patente de toutes les règles admises qui encadrent l'expérimentation humaine et la recherche sur l'homme en général.

La poche du kangourou

On peut avoir une idée de la complexité de ces mécanismes en observant un phénomène similaire dans un contexte différent : le développement des petits marsupiaux dans la poche de leur mère. Certains ont suggéré d'utiliser le système de la poche comme modèle pour étudier l'évolution hormonale de la mère qui accompagne celle du développement fœtal. En effet, la poche peut être vue comme un environnement où le fœtus, qui a quitté l'utérus très précocement, continue et complète son développement jusqu'à son terme. Elle serait donc l'équivalent d'un utérus artificiel tardif que la nature aurait fabriqué chez les marsupiaux. Typiquement, un fœtus de kangourou quitte l'utérus vers le trente-cinquième jour, quand il mesure environ deux centimètres. Il se retrouve alors dans la poche où sa bouche adhère de façon permanente à un mamelon. Il pompe alors du lait sans s'en séparer, ayant la capacité de boire et de respirer à la fois sans s'étouffer ! Et chose tout aussi extraordinaire que dans le cas du placenta et du liquide amniotique, la composition chimique de ce lait nourricier varie, adaptée aux différents stades du développement.

L'utérus artificiel « précoce »

Une deuxième sorte de travaux concerne les premiers stades du développement embryonnaire qui suivent la fécondation. Nous avons vu qu'ils ont été inaugurés, pour ce qui concerne l'espèce humaine, par Helen Hung Ching Liu et son équipe de l'université Cornell. Helen Liu présente elle aussi ses travaux comme étant d'abord orientés par des finalités médicales : remplacer un utérus absent ou pathologique et permettre ainsi à des femmes de procréer sans faire appel à des mères porteuses, avec tous les problèmes émotionnels et légaux que cela comporte. Comme ses travaux se concentrent pour le moment sur la phase initiale d'implantation, ils auraient été approuvés par le comité d'éthique de son université, qui contrôle l'expérimentation humaine. En effet, pour le moment, rien ne permet d'établir une continuité entre l'implantation d'un embryon dans une cavité recouverte de cellules endométriales et un utérus artificiel tardif où ne pourrait se développer qu'un fœtus déjà développé avec son cordon ombilical.

Mais l'objectif à long terme de Helen Liu est clairement de fabriquer un utérus artificiel complet, où une gestation normale se déroulerait du début jusqu'à la fin. C'est dans ce but qu'elle mène en parallèle une expérimentation sur des embryons de souris. Elle rapportait en 2001 que des blastocystes de souris implantés dans des cavités tapissées de cellules utérines avaient survécu pendant deux semaines et qu'elle projetait de fabriquer de la même façon un utérus artificiel de souris assez grand pour qu'une gestation complète puisse s'y dérouler.

C'est pour quand?

L'ensemble des tâches à réaliser devra comprendre une cavité tout entière faite d'un tissu endométrial, un système d'apports de substances nutritives, d'hormones, de facteurs de croissance, une filtration des déchets, un oxygénateur, un poumon artificiel, un contrôle de température et de lumière. L'utérus artificiel devra aussi assurer une protection contre virus et bactéries et ses propriétés devront évoluer selon les différentes étapes du développement. Idéalement, le cordon ombilical et le placenta devront rester attachés et le débit sanguin ombilical devra augmenter proportionnellement au poids corporel du fœtus. Les avis sont partagés sur le temps nécessaire pour qu'un tel utérus artificiel « complet » soit au point sur des grands mammifères et susceptible d'être adapté à l'espèce humaine. Certains entrevoient ce résultat dans une dizaine d'années. Pour d'autres, au contraire, c'est une question de cinquante ans ou plus. Quoi qu'il en soit, le cahier des charges est nettement établi et des progrès significatifs ont été accomplis depuis les tout premiers essais, dans les années 1950, où des fœtus animaux n'avaient été maintenus en vie que pendant quelques heures.

Comme on l'a vu, il est probable que les premières réalisations seront des utérus artificiels tardifs remplaçant les incubateurs actuels pour maintenir en vie les grands prématurés. Ils permettront d'avancer l'âge de viabilité en dehors du corps de la mère avant les vingt-quatre semaines, qui constituent actuellement l'âge minimum requis par les unités de réanimation néonatale. C'est en tout cas ce que prévoyait Yoshinori Kuwabara dans un délai de cinq ans, à la condition que ses travaux aient été financés, permettant d'appliquer à des fœtus humains la technique développée sur des chèvres.

Mais personne n'est dupe. On sait bien que les techniques de procréation initialement développées avec des finalités médicales de traitement de la stérilité ou d'avortements à répétition, débordent inévitablement ces indications strictement thérapeutiques. Comme les inséminations artificielles et les fécondations *in vitro*, les utérus artificiels seront utilisés pour répondre à des « désirs d'enfant » de toutes sortes que la procréation naturelle, non médicalisée, ne permet pas de satisfaire. En particulier, associés aux techniques présentes et futures de procréation médicalement assistée, ils permettront à n'importe qui, homme ou femme, de « procréer » sans faire appel à une femme « prêtant » son utérus. Au minimum, l'utérus artificiel complet évitera d'avoir à en passer par des mères porteuses chaque fois que la mère génétique ne pourra pas ou ne voudra pas assurer la grossesse.

Bien sûr, cette perspective est encore lointaine car elle implique de combler entièrement l'intervalle entre cinq jours et vingt-quatre semaines pendant lequel, actuellement, une femme et son utérus sont indispensables pour faire naître un bébé. Nous avons vu que beaucoup de problèmes techniques doivent être résolus, encore plus difficiles que ceux qui concernent la survie de prématurés avant le seuil de viabilité de vingt-quatre semaines. C'est à ce propos que les estimations sur le temps nécessaire pour résoudre tous ces problèmes sont variables, depuis une dizaine d'années jusqu'à cinquante ou cent ans. Quoi qu'il en soit, il semble donc bien que, dans un délai maximal de cinquante à cent ans, l'utérus artificiel permettant d'éviter une grossesse du début à la fin sera une réalité. Utilisé chez des mammifères de toutes sortes, la question se posera, comme dans le cas du clonage reproductif, de son application à l'espèce humaine. C'est pourquoi, dès maintenant, cette question commence à être débattue sérieusement comme une nouvelle question de « bioéthique ».

Des arguments divers, pour et contre, envisagent déjà toutes sortes de situations, médicales, sociales et juridiques, où l'on voit bien se profiler un nouveau bouleversement des pratiques de procréation.

Nous avons vu comment les débats sur l'avortement pourront rebondir. Mais les termes du débat sur le clonage reproductif et d'autres pratiques éventuelles de « bébés sur mesure » seront eux aussi profondément modifiés si des utérus artificiels deviennent un jour disponibles. En particulier, le débat sur le clonage, même s'il est tranché d'ici là, repartira de plus belle et de façon encore plus dramatique quand l'ectogenèse humaine sera devenue possible. En effet, pour le moment, les raisons sociales pour lesquelles le clonage reproductif humain peut être proscrit, et les conditions de son interdiction même dans l'éventualité où la technique serait maîtrisée chez l'animal et transposable à l'homme, semblent actuellement plus solides que les raisons qui pourraient empêcher l'application de l'ectogenèse à l'espèce humaine. Car elles s'appuient, de façon ultime, sur la nécessité d'une implantation dans l'utérus d'une femme pour conduire à une naissance. En cela, elles seraient singulièrement affaiblies si des utérus artificiels étaient utilisés.

III

La biologie nouvelle : retombées sociales, culturelles et religieuses

La nécessité d'une implantation utérine constitue encore une barrière qui sépare nettement le statut de constructions cellulaires embryonnaires limitées, artificiellement produites en laboratoire dans un but thérapeutique ou de recherche, de celui d'un processus naturel, personnalisé à la fois chez la femme enceinte et chez l'enfant en cours de gestation. Il en résulte que la proscription de clonage reproductif peut être relativement facilement mise en œuvre en se confondant avec l'interdiction d'implantation utérine de telles constructions. C'est cela qui sera modifié du tout au tout dans des sociétés où l'ectogenèse sera pratiquée.

Ce n'est pas seulement la performance technique qui changera les choses. Car les retombées sociales et culturelles, voire métaphysiques et religieuses, des découvertes scientifiques et techniques sont de deux sortes. Les plus spectaculaires sont certes celles qui transforment les conditions matérielles de notre existence, en principe pour le mieux, bien qu'elles démultiplient parfois autant les moyens de nuire et les risques de catastrophe. Mais il existe d'autres retombées, moins directement visibles car théoriques, bien qu'aussi importantes sur le long terme, qui bouleversent nos représentations de la nature des choses et les visions du monde héritées de représentations anciennes, cadre dans lequel nos mœurs et nos jugements moraux s'étaient développés. Dans le cas de la biologie, jusqu'à la fin du XXe siècle, le seul véritable effet social et culturel de la théorie biologique fut celui de l'évolutionnisme darwinien et néodarwinien qui bouleversa la plupart des visions religieuses traditionnelles sur l'origine de l'homme. Car les performances rendues possibles par les technologies du gène et celles de la biologie de la reproduction ont été très en avance – et le sont encore – sur les avancées de la théorie aux prises avec la complexité fonctionnelle, ne seraitce que d'une cellule. La situation est donc différente de celle créée par les sciences physiques avec leurs avancées théoriques spectaculaires du début du siècle. Mais les choses sont pourtant en train de changer. La seconde moitié du siècle fut dominée par les prolongements de la découverte de la double hélice de l'ADN qui a pu faire croire que la biologie avait trouvé sa théorie dans le « dogme de la biologie moléculaire » des années 1960. Mais les découvertes et performances réalisées dans ce cadre théorique somme toute assez limité ont fini par le faire éclater, comme cela arrive souvent dans l'histoire des sciences[19]. Elles ont ouvert aujourd'hui des horizons insoupçonnés qui modifient déjà considérablement certaines de nos représentations spontanées qui semblaient les plus assurées.

En effet, l'unité étonnante du monde vivant qu'avait déjà fait découvrir l'universalité du *code* génétique (bien différent du « programme » du même nom) est apparue comme un cas particulier d'une unité plus profonde, substantielle, où l'on voit s'effacer des barrières que l'on croyait infranchissables, essentielles, entre le vivant et le non-vivant, ou entre l'organisme animé et l'inorganique inanimé, entre espèces vivantes différentes et, notamment, entre le vivant conscient et inconscient. En outre, la biologie étant devenue une science expérimentale, après avoir été longtemps surtout une science d'observations, a produit, comme la physique et la chimie avant elle, des techniques de fabrication d'artefacts. À la roue, aux poulies et aux machines thermiques et électroniques de la physique, aux produits synthétiques de la chimie, sont venus maintenant s'ajouter les artefacts biologiques tels que lignées cellulaires en cultures

« immortalisées », organismes transgéniques, chimères, qui ne se contentent pas d'imiter la nature. Comme les artefacts physiques et chimiques, ils *utilisent* les lois de la nature pour produire des objets manufacturés, ici des systèmes biologiques, qui n'existeraient pas sans l'activité humaine de fabrication créatrice. Mais ces artefacts, comme tous les objets ou machines manufacturés, ne sont possibles que grâce à cette unité qui traverse les espèces vivantes et relie le vivant au non-vivant, unité substantielle que la réalisation de ces artefacts vivants contribue d'ailleurs à dévoiler. C'est évidemment le cas des organismes transgéniques et il en est de même du clonage reproductif d'organismes entiers, qui étend à des espèces animales la reproduction asexuée du bouturage des plantes.

C'est la perspective d'appliquer ces techniques à l'espèce humaine qui semble annoncer une rupture affolante dans l'histoire de l'humanité, la fabrication d'hommes artificiels ou d'artefacts humains, selon la dénomination que l'on préfère utiliser. C'est cela qui fait parler de post-humanité, en oubliant que c'est précisément le propre de l'espèce humaine que de fabriquer des artefacts, non seulement dans son environnement mais encore en elle-même, dans les individus qui la constituent. Ceux-ci sont tous les produits de techniques sociales et culturelles de fabrication sans lesquelles l'espèce *Homo sapiens* n'existerait pas.

Ce que les biotechnologies appliquées à *Homo sapiens* nous annoncent est la poursuite de ce processus d'autofabrication de l'espèce, à la fois hominisation et humanisation ininterrompues, avec pourtant des seuils qualitatifs dans les techniques utilisées. Mais, bien que ces techniques soient en effet radicalement nouvelles et inouïes dans leurs réalisations, elles semblent souvent reproduire des projections imaginaires anciennes qui ont nourri les mythes de toutes sortes de cultures. En outre, des sauts qualitatifs d'envergure semblable, tels que par exemple le passage au néolithique et l'invention de l'écriture, se sont produits dans le passé et peuvent servir de repères, si l'on observe l'évolution humaine depuis ses origines. La naissance de la brebis Dolly, sans fécondation, par transfert de noyau de cellule somatique dans un ovule énucléé, a ouvert une boîte de Pandore d'où sont sortis de nombreux démons, ou anges, qui n'ont pas fini de bouleverser à la fois les idées reçues sur la vie et sur l'humain et les conditions dans lesquelles notre espèce continuera à survivre en utilisant, au mieux si possible, la maîtrise inouïe que confère le pouvoir des biotechnologies.

Tout cela pose bien sûr des problèmes difficiles d'adaptation à – ou d'orientation de – cette évolution, dans la mesure où non seulement les techniques sont nouvelles et peu prévisibles, mais leur accumulation, véritable explosion depuis un siècle, subit une accélération en effet jamais vue dans l'histoire de l'humanité. Il en résulte un sentiment d'irréversibilité pour le meilleur et pour le pire, un affolement devant un processus de création artificielle collective et anonyme qui semble lui-même affolé, sans orientation autre que ce qui se dévoile, après coup, techniquement faisable. C'est aussi l'un des jugements de Haldane qui reste confirmé : les performances techniques en biologie sont aujourd'hui encore très en avance sur la théorie. Les effets sociaux de l'explication scientifique du monde vivant, dont le darwinisme est l'un des exemples les plus évidents, sont encore bien moindres que ceux des nouvelles techniques qui transforment concrètement les conditions de notre existence. On peut voir là un prolongement du programme baconien qui mettait l'accent sur l'efficacité technique de transformation expérimentale. Francis Bacon, avant Descartes, Hobbes et Spinoza, avait tracé le programme de la science moderne, en rupture avec la magie naturelle de la Renaissance du point de vue de la méthode, mais en continuité avec elle du point de vue de sa finalité : maîtriser la nature en lui faisant dévoiler ses secrets. Mais désormais, au contraire des alchimistes magiciens préscientifiques de la Renaissance, il ne s'agit plus de projections incantatoires et répétitives de formules issues des spéculations théoriques, mais de la recherche des nouveautés concrètes, parfois inattendues, que peut faire apparaître l'expérimentation bien conduite.

IV

Personnes, gènes, embryons et pseudo-embryons

C'est dans le contexte de cette biologie expérimentale que se posent en termes nouveaux d'anciennes questions sur l'identité personnelle des individus et, de façon plus générale, sur la nature de l'espèce humaine. Les performances extraordinaires des biotechnologies bouleversent maintenant beaucoup d'idées reçues. Celles-ci semblaient évidentes sur la base des seules observations de processus naturels (croissance, reproduction sexuée, barrière des espèces, vieillissement et mort), avant que les artefacts biologiques ne fissent apparaître la réalité d'une unité naturelle plus profonde, où des barrières bien établies sont maintenant transgressées *du fait même des lois naturelles*, et semblent devoir s'effacer progressivement.

Beaucoup de ces questions se sont focalisées sur la légitimité d'interventions techniques visant à modifier des gènes d'êtres humains, ainsi que sur le statut des embryons humains en tant qu'ils peuvent être eux aussi soumis à des interventions, dans un but médical ou de recherche. Rappelons que ces questions de légitimité, qui ont donné naissance à cet ensemble hybride de réflexions de nature scientifique, philosophique, anthropologique, morale et parfois religieuse, que l'on appelle improprement la « bioéthique », sont des questions posées à la société par la biologie, et non l'inverse. C'est dire que la biologie toute seule ne peut pas leur apporter de réponses, mais que la façon de les poser ne peut pas ignorer le détail des techniques biologiques et des débats théoriques sur la signification des découvertes qui les rendent possibles.

Ces questions sont particulièrement difficiles dans le cas des gènes et des embryons parce que, dans les deux cas, les effets de modifications éventuelles, désirés ou non, ne peuvent être observés que sur des personnes qui n'existent pas encore, ou qui n'existeront peut-être jamais. Contrairement aux questions d'éthique médicale, posées par des interventions sur des adultes, ou même des enfants, il n'est pas envisageable ici de rechercher le consentement, même délégué, de personnes directement concernées par les effets de ces interventions.

Cette projection d'effets éventuels de transformations technologiques sur une ou plusieurs générations futures virtuelles est à l'origine de la plupart des problèmes éthiques que posent les technologies du gène et des cellules embryonnaires.

Ces problèmes sont rendus difficiles par des questions qui portent sur le *langage* le plus approprié pour les poser. Les mots pour les dire sont hérités des représentations anciennes, mais les nouvelles productions techniques qui créent les problèmes montrent le caractère inadéquat de ces représentations. Les débats actuels sur le statut de l'embryon en fournissent un exemple paradigmatique, particulièrement pertinent pour ce qui nous concerne ici.

À partir de quand un gamète devient-il un embryon ?

Les controverses sur l'avortement, le développement des techniques de procréation médicalement assistée (PMA) et des utilisations d'embryons humains à visée de recherches biologiques fondamentales ou de traitements médicaux ont renouvelé la question métaphysique ancienne de l'« animation » : à partir de quand un embryon humain est-il « animé », au sens où il aurait reçu l'âme d'un être humain ; ou, comme on dit plutôt aujourd'hui, à partir de quand un embryon est-il une « personne humaine » ? On sait que des réponses diverses sont apportées à cette question sur la base de conceptions religieuses ou philosophiques différentes.

Aujourd'hui, les découvertes inattendues sur les mécanismes de la reproduction des mammifères, qui ont suivi les premiers clonages reproductifs par transfert de noyau somatique, la perspective qui n'est plus exclue, pour demain, de reproduction par parthénogenèse, font poser une question nouvelle : à partir de quand un gamète devient-il un embryon ? La réponse jusque-là était simple : à partir de la fécondation. La fusion de deux gamètes, d'un ovule et d'un spermatozoïde, les transforme tous les deux en un œuf fécondé. À partir de celui-ci se met en route le développement d'un embryon, puis d'un fœtus après qu'il s'est implanté dans la muqueuse de l'utérus. Pour répondre à la question sur la *personne*, les Anglo-Saxons ont inventé la notion de pré-embryon étendue jusqu'à quatorze jours après la fécondation. Jusqu'à la deuxième semaine, en effet, les cellules produites par divisions successives à partir de l'œuf fécondé ne sont pas encore différenciées en celles qui produiront le placenta et les enveloppes amniotiques, d'une part (les « annexes »), et celles qui se différencieront et formeront les tissus et organes de l'embryon proprement dit. C'est alors que parmi ceux-ci apparaissent, en outre, les premières ébauches du système nerveux et cela est considéré par certains « éthiciens » comme l'ébauche de ce qui sera plus tard une « personne humaine » douée de sensibilité et de conscience !

Il n'en reste pas moins que, jusqu'à la naissance de la première brebis clonée, on considérait que seule la fécondation peut mettre en route les processus de division cellulaire et de différenciation qui caractérisent un embryon de mammifère. La notion de pré-embryon apparaît comme un moyen de fixer un seuil à partir duquel, dans un processus continu, certains attributs d'une personne humaine lui sont reconnus. Mais, comme dans le cas de la majorité civique à seize, dix-huit ou vingt et un ans, la détermination du seuil est conventionnelle, répondant à un besoin de repères pour encadrer et réglementer différentes sortes d'utilisations et d'expérimentations. Comme tel, le seuil est relativement arbitraire en ce qu'il pourrait être fixé à d'autres étapes du développement, avant ou après quatorze jours, pour ce qui concerne d'autres réglementations, et c'est effectivement le cas, par exemple, des législations sur l'avortement. C'est pourquoi cette notion de pré-embryon jusqu'à quatorze jours n'est pas acceptée par tous. Comme on le sait, la tradition française préfère faire appel à la notion de potentialité de personne ou de « personne potentielle », introduisant ainsi une sorte de

« fiction éthique », comme on parle de fiction juridique, différente de celle produite par la notion de pré-embryon.

Quoi qu'il en soit, c'est à partir de la fécondation que les deux gamètes, jusque-là séparés, peuvent ensuite se transformer en un embryon à partir duquel est susceptible de commencer une existence individuelle. (Les vrais jumeaux font exception quand la première division cellulaire conduit au développement de deux individus distincts.) C'est pourquoi certaines traditions religieuses, celle de l'Église catholique notamment, considèrent qu'une personne humaine réelle existe dès la fécondation, assimilant ainsi une existence génétique individuelle à une existence personnelle. Cette assimilation, comme on le sait, est loin de recueillir l'assentiment de tous, en ce qu'elle dépend de présupposés divers sur ce que l'on entend par personne humaine, dans des langues différentes et des traditions culturelles et religieuses différentes.

Mais les pratiques de clonage par transfert de noyau somatique ont bouleversé cette vision relativement simple. D'autres travaux en cours sur les mécanismes de la reproduction risquent de la bouleverser encore plus. La notion même d'embryon change de nature dès lors que des individus peuvent se développer, naître et grandir *sans féconda-*

tion, à partir de constructions cellulaires qui sont de véritables artefacts de laboratoire.

La naissance de la brebis Dolly, puis de nombreuses autres espèces de mammifères par transfert d'un noyau de cellule adulte dans un ovule énucléé de la même espèce – le clonage reproductif –, a montré contre toute attente qu'une cellule capable de se développer comme un embryon jusqu'à son terme peut être produite artificiellement sans fécondation et être implantée avec succès dans l'utérus d'une femelle, où s'effectue ensuite une gestation plus ou moins normale. Quels sont la qualification et le statut de cette cellule et de celles qui en sont dérivées par divisions successives en l'absence d'implantation utérine ? L'absence de fécondation implique l'absence de fusion de gamètes qui aboutit normalement à un nouveau génome unique, différent de celui de chacun des parents. Au contraire, le génome produit est ici identique à celui de l'organisme d'où a été prélevée la cellule adulte donneuse de noyau. Avant la naissance du premier mammifère cloné, un tel développement était considéré comme impossible du fait de plusieurs séries d'échecs et d'arguments théoriques sur le caractère prétendument irréversible des différenciations cellulaires des cellules adultes. Aussi, il ne serait venu à l'idée de personne de considérer ces constructions cellulaires artificielles comme des embryons. En l'absence d'implantation utérine couronnée de succès par une gestation normale, on ne pouvait qu'observer que certaines étapes précoces du développement embryonnaire étaient simulées avec plus ou moins de précision par ces constructions cellulaires cultivées en laboratoire.

Après la naissance de Dolly, la possibilité d'un développement apparemment normal, bien que réalisée avec une très faible fréquence par rapport au nombre d'essais et sans que l'on en connaisse vraiment les mécanismes, a fait parler d'embryons à propos de ces artefacts cellulaires. La perspective soudain ouverte de transposer cette technique à l'espèce humaine a fait parler de fabrication et d'utilisation d'embryons humains éventuellement produits de cette façon, sans fécondation, par transfert de noyaux somatiques. Par analogie avec d'autres espèces de mammifères, le clonage reproductif d'êtres humains n'était plus une impossibilité, ni théorique ni pratique. Mais, pour cela, il ne suffit pas de fabriquer une cellule artificielle par transfert de noyau somatique humain, ni de cultiver en laboratoire les produits de cette cellule jusqu'au stade de blastocyste et de cellules souches à partir desquelles s'effectuent des différenciations cellulaires correspondant aux différents tissus. Il faut en outre que, avant ce stade de différenciation, l'amas cellulaire ayant reproduit le stade de blastocyste soit implanté avec succès dans l'utérus d'une femme. C'est alors seulement qu'il sera légitime de parler d'embryon humain, après coup, malgré l'absence de fécondation.

C'est pourquoi on peut parfaitement s'opposer catégoriquement à des pratiques de procréation humaine par clonage reproductif, sans que l'utilisation de techniques de transfert nucléaire pour fabriquer des cellules souches embryonnaires, au laboratoire, sans implantation utérine possible, ne soit considérée pour autant comme une fabrication et une instrumentalisation d'embryons humains. *L'implantation couronnée de succès dans un utérus est nécessaire à la qualification d'embryon.*

Nous sommes arrivés à cette conclusion du fait de prouesses techniques de plus en plus extraordinaires, qui ont contribué à dissocier de plus en plus les premiers stades du développement effectués au laboratoire des étapes suivantes, qui impliquent nécessairement implantation et développement intra-utérins.

Récapitulons les étapes de cette course accélérée au progrès des connaissances et aux performances techniques en biologie de la reproduction. Des embryons humains produits par fécondation *in vitro* ont pu être conservés en laboratoire jusqu'au stade de blastocyste d'environ cinq jours, puis congelés et conservés au froid pendant plusieurs années, et implantés avec succès. C'était une première étape.

Voilà maintenant que des constructions cellulaires sans fécondation, par transfert de noyau adulte dans des ovules de même espèce, présentent au laboratoire des propriétés qui ressemblent à celles des produits de fécondation *in vitro.* Elles seront peut-être utilisables dans un but thérapeutique, ce qui implique évidemment qu'elles ne soient pas implantées dans un utérus et qu'elles ne soient donc pas qualifiées d'« embryons » en l'absence d'une telle implantation.

Mais cette conclusion qui semble déjà s'imposer à propos de constructions cellulaires par transfert nucléaire intraspécifique (où le noyau et l'ovule proviennent de la même espèce) est renforcée par d'autres réalisations actuellement en cours d'expérimentation, tout aussi inattendues que la naissance de Dolly. L'une de ces réalisations a déjà fait l'objet de publications scientifiques [20] : des noyaux de cellules adultes d'une espèce ont été transférés dans des ovules énucléés *d'une autre espèce* de mammifère et ont été, comme on dit, « reprogrammés » ; la cellule ainsi produite s'est divisée *in vitro,* comme s'il s'agissait d'un œuf fécondé jusqu'au stade simulant celui d'un blastocyste. À partir de là, des cellules prélevées sur la masse cellulaire interne ont pu être cultivées comme des cellules souches embryonnaires et se différencier en cellules de différents tissus. Celles-ci présentent les caractères génétiques de l'espèce d'où provenait le noyau adulte transféré, mais leur cytoplasme contient des mitochondries de l'espèce d'où vient l'ovule. Il n'est pas exclu que des cellules souches de ce type provenant de noyaux humains transférés dans des ovules animaux – tels que ceux de lapine comme dans des expériences que nous évoquons plus loin – puissent être utilisées pour traiter certaines maladies, dans la mesure, évidemment, où elles passeraient les tests d'innocuité nécessaires à l'adoption de toute innovation thérapeutique.

On disposerait alors d'une technique de clonage thérapeutique qui présenterait tous les avantages : elle n'aurait pas besoin de prélèvements d'ovules chez des femmes et l'on pourrait difficilement parler à son propos d'instrumentalisation d'embryons humains. Car au nom de quoi qualifierait-on d'embryons ces constructions cellulaires ? Embryons de quelle espèce ? Chaque fois que des constructions cellulaires par transfert de noyaux de différents mammifères dans des ovules de bovidés ont été implantées dans des utérus de vache, elles n'ont pas pu se développer normalement. La probabilité d'une gestation (probablement anormale) diminue quand la distance évolutive (et anatomique) entre les espèces augmente. Elle devient pratiquement nulle dans un cas comme celui du transfert de noyau de cellule humaine dans un ovule de lapine. Autrement dit, le danger n'existe pratiquement pas que cette technique puisse être utilisée pour faire naître des bébés (plus ou moins « monstrueux ») par clonage reproductif. Les principaux arguments éthiques contre le clonage non reproductif « classique » – noyau humain dans ovule humain – disparaissent donc ici : pas de danger de pente glissante vers un clonage reproductif et pas d'instrumentalisation d'embryons humains.

Cellules souches et pseudo-embryons

L'histoire de la brebis Dolly se reproduit en Asie. Après plusieurs échecs, la communauté scientifique dans sa majorité avait conclu à une impossibilité biologique de transfert nucléaire d'une espèce à une autre, plus ou moins bien rationalisée par des arguments d'incompatibilité entre espèces différentes. Des succès partiels avaient été obtenus à partir de noyaux cellulaires de différentes espèces transférés dans des ovules de vaches. Mais les échecs répétés de tentatives de clonage chez les singes, et les échecs de quelques essais de transfert nucléaire humain qui n'avaient pas dépassé quelques divisions cellulaires, avaient convaincu une partie de la communauté scientifique de cette impossibilité biologique, en tout cas chez les primates ; un peu comme, après Dolly, certains voulaient encore croire que ce succès n'était limité qu'aux moutons et que le clonage d'autres mammifères, tels que souris, porcs, etc., était impossible.

Et puis, là aussi, la réussite technique, malgré sa faible fréquence par rapport au nombre d'essais, a fait voler le dogme de l'impossibilité en éclats : sans que l'on en connaisse encore les mécanismes moléculaires, le cytoplasme d'un ovule peut induire un développement et une différenciation cellulaire à partir d'un noyau de cellule adulte d'une autre espèce, jusqu'à un stade de blastocyste et la formation de cellules ayant les propriétés de cellules souches embryonnaires. Par contre, le développement d'un embryon jusqu'à son terme en cas d'implantation utérine est d'autant plus improbable que les deux espèces sont éloignées l'une de l'autre[21]. En août 2003, une équipe de vingt-deux biologistes de Shanghai signait un article rapportant la production de cellules souches embryonnaires par transfert de noyaux de cellules somatiques humaines dans des ovules énucléés de lapine[22]. Autrement dit, un clonage non reproductif à visée éventuellement thérapeutique était réalisé en utilisant comme cellules receveuses des ovules de lapine en lieu d'ovules féminins. Ce travail, effectué sous la direction de Hui Zhen Sheng de la deuxième université médicale de Shanghai, établit la possibilité de réaliser avec succès, dans ces conditions, les *trois* étapes consécutives nécessaires à la production de cellules souches embryonnaires par transfert de noyau :

• des noyaux de cellules somatiques humaines (ici des fibroblastes de peau) peuvent être « reprogrammés » pour se développer jusqu'à reproduire artificiellement des structures de blastocyste, ressemblant à des embryons d'environ cinq jours produits naturellement par fécondation ;

• cette reprogrammation peut être effectuée en utilisant des ovules de mammifères non humains (ici des lapines) ;

• des cellules souches embryonnaires peuvent être isolées et mises en culture à partir de ces constructions cellulaires de type blastocyste. Elles sont capables de se différencier et de produire des cellules de chacun des trois feuillets embryonnaires.

Ces trois résultats avaient été obtenus depuis plusieurs années à partir de noyaux de mammifères transférés dans des ovules de même espèce. Mais des échecs successifs avaient conclu des tentatives similaires sur des cellules humaines ainsi que de singe. C'est pourquoi un doute existait toujours quant à la possibilité de reprogrammation par transfert de noyaux somatiques chez les primates et chez l'homme en particulier; à plus forte raison si l'ovule receveur provient d'une autre espèce. Le dogme de l'impossibilité biologique était tel que l'article de l'équipe de Shanghai fut refusé pendant plus de deux ans par les plus grands journaux scientifiques. Les comités éditoriaux ne pouvaient croire en la réalité de ces résultats, que le journal *Cell Research*[23] finit pourtant par publier.

Le doute est définitivement levé, semble-t-il, depuis la publication d'un article par une équipe coréenne, en mars 2004[24]. Cette équipe, sous la responsabilité de Woo Suk Hwang, avait réussi à produire des cellules souches embryonnaires humaines par transfert de noyaux somatiques dans des ovules humains énucléés. La fréquence de succès était là aussi très faible, mais la possibilité en était démontrée, bien que la technique en l'état nécessitât un nombre élevé de prélèvements d'ovules sur des femmes. Il est important de souligner que les ovules énucléés provenaient chaque fois de la femme même chez qui les cellules adultes donneuses de noyau avaient été prélevées. Il s'agissait donc d'une sorte d'autoclonage dont le produit serait pratiquement le même que celui d'une parthénogenèse si le blastocyste ainsi fabriqué, au lieu d'être utilisé pour cultiver des cellules souches, était implanté dans un utérus (éventuellement de la même femme !) et s'y développait comme un embryon.

En fait, les résultats de l'équipe de Shanghai, outre leur antériorité chronologique, ont une portée beaucoup plus grande, tant sur le plan fondamental que sur celui de leurs applications thérapeutiques éventuelles, en ce qu'ils concernent des transferts de noyaux humains dans des ovules non humains.

Nous pouvons faire plusieurs remarques sur ce travail, tel qu'il apparaît dans l'article cité de *Cell Research* :

• Comme le clonage reproductif de Dolly, ces expériences de clonage non reproductif interspécifique prouvent la possibilité de leur succès, malgré d'énormes difficultés techniques, dues à ce que leurs mécanismes sont très largement inconnus. D'où le très faible pourcentage de réussite.

• Ces difficultés se rencontrent à deux stades : reprogrammation jusqu'au stade de blastocyste (environ 10 % de succès, indépendamment de l'âge du donneur, de cinq à soixante ans) ; puis culture de cellules souches (moins de 5 % de succès, contre environ 30 % quand les blastocystes utilisés proviennent de vrais embryons produits par fécondation).

• Dans tous les cas, des applications éventuelles ne pourront être envisagées qu'après que ces difficultés auront été surmontées, grâce, en particulier, à une meilleure connaissance des mécanismes moléculaires impliqués. Pourtant, la seule démonstration de ce que ces réalisations sont biologiquement possibles a d'ores et déjà des conséquences importantes que nous pouvons tenter d'analyser.

• La production de cellules souches embryonnaires apparemment normales n'est en aucune façon la preuve que des blastocystes ainsi produits par transfert nucléaire auraient la capacité de se développer comme des embryons normaux s'ils étaient implantés dans un utérus. Cela est d'autant plus évident qu'il s'agit de transferts d'une espèce dans une autre, et lorsque les distances évolutives entre espèces sont plus grandes. C'est ce qui ressort d'essais d'implantation utérine de blastocystes produits par transfert nucléaire de divers mammifères dans des ovules énucléés de vache [25]. Cela montre que la reprogrammation de noyaux de cellules adultes peut réussir à produire des cellules souches embryonnaires sans pour autant être capable de produire des bébés. On pouvait déjà s'en douter à partir des transferts de noyaux dans une même espèce. Mais les résultats de l'équipe de

Shanghai le confirment de façon évidente : on voit mal que des blastocystes produits par transfert de noyaux humains dans des ovules de lapine puissent être implantés dans quelque utérus que ce soit et donner naissance à des bébés, ne serait-ce que pour des raisons d'incompatibilité anatomique.

• De cela il résulte que la dénomination d'« embryon » est bien inappropriée à ces cellules et structures cellulaires produites artificiellement sans fécondation, même si l'on y retrouve certaines propriétés, dont la totipotence, des cellules embryonnaires. Les auteurs de Shanghai prennent bien soin, à juste titre, de ne pas utiliser le mot « embryon ». Ils parlent plutôt, dans leur article, d'« unités de transfert nucléaire » (*nuclear transfer units*) ou de « blastocystes de transfert nucléaire » (*nuclear transfer units of the blastocyst stage*), que nous proposons de désigner par l'expression plus générale d'« unités embryoïdes » ou « pseudo-embryons », ou encore « pré-embryons » mais dans un sens différent de celui de la réglementation britannique. Cela implique de ne réserver le nom d'embryon qu'à des cellules ou ensembles de cellules *susceptibles de se développer en organismes adultes après implantation utérine.* L'implantation suivie d'un développement normal dans un utérus apparaît ainsi comme une condition nécessaire à la qualification éventuelle d'embryons pour des cellules ou constructions cellulaires artificielles, ainsi produites sans fécondation. Cette conclusion sera renforcée le jour, peut-être pas si lointain, où des développements de type embryonnaire seront obtenus à partir de cellules souches adultes ou par parthénogenèse. En effet, des cellules souches adultes, si elles se révèlent totipotentes, ou de simples ovules, s'ils sont susceptibles de se développer sans fécondation, par parthénogenèse, ne pourraient être qualifiés d'embryons qu'à la condition d'être implantés et de se développer effectivement dans un utérus.

• Comme toutes les innovations thérapeutiques, médicamenteuses ou procédurales, les applications thérapeutiques éventuelles des différentes techniques de clonage humain non reproductif devront évidemment passer un certain nombre de tests d'innocuité, impliquant nécessairement un stade d'expérimentation clinique. *A priori*, les transferts nucléaires interspécifiques, du type noyau humain dans un ovule de lapine, rapportés par l'équipe de Shanghai, ont des avantages et des inconvénients par rapport aux transferts intraspécifiques humains de l'équipe coréenne. Les inconvénients possibles tiennent au caractère partiellement animal des cellules souches produites de cette façon ; et d'abord au rôle encore mal connu des mitochondries et de leurs ADN de lapin qui y sont encore présents.

Mais comme leur activité dépend malgré tout de protéines codées par l'ADN humain du noyau, on peut supposer qu'elles finiront par être remplacées par multiplication des quelques mitochondries humaines apportées en même temps que le noyau lors de la fusion cellulaire nécessaire au transfert. Cela reste évidemment à vérifier. D'ores et déjà, cependant, concernant le caractère humain ou animal de la membrane de ces cellules, l'équipe de H. Z. Sheng a pu établir que n'y sont exprimés que des marqueurs immunitaires humains, codés par le génome du noyau, ce qui laisse augurer une absence probable de rejets immunitaires.

• Quant aux avantages de cette technique sur un transfert intraspécifique humain, si les difficultés qui lui sont inhérentes peuvent être surmontées, ils sont à la fois pratiques et éthiques, en ce qu'elle dispense de la nécessité de prélever des ovules receveurs sur des femmes. En outre, on ne peut plus évoquer le danger de pente glissante vers des clonages reproductifs, ni celui d'instrumentalisation d'embryons humains, à propos de l'utilisation de ces unités embryoïdes interspécifiques. Quant à la « transgression de la barrière des espèces » parfois invoquée, elle ne concerne que des constructions cellulaires à visée thérapeutique et non des organismes. En cela, elle est aussi commune que celle que réalisent toutes sortes de prothèses d'origine animale.

À ces deux réalisations de clonage potentiellement thérapeutique par transfert nucléaire, humain-humain (Woo Suk Hwang, à Séoul) et animal-humain (Hui Zhen Sheng, à Shanghai), est venu s'ajouter le succès d'une équipe japonaise, dirigée par Tomoshiro Kono, à Tokyo, dans sa tentative de faire naître une souris par fusion de deux ovules de souris différentes, sans fécondation par un spermatozoïde[26]. Bien qu'il ne s'agisse pas là de parthénogenèse proprement dite, la technique utilisée ouvre la porte à des tentatives de reproduction de mammifères par parthénogenèse. Autre « impossibilité » biologique qui risque d'être démentie par des performances techniques. Il n'est plus impossible, désormais, que nous soyons conduits un jour prochain à considérer un ovule modifié, sans fécondation ni transfert nucléaire, ou encore une cellule souche embryonnaire isolée d'un tissu adulte, comme une nouvelle sorte d'unité embryoïde ou pseudo-embryon, ayant la potentialité de se développer comme un embryon en cas d'implantation utérine.

Ainsi, à la question « À partir de quand un gamète devient-il un embryon ? » ou, plus généralement, « Quand une cellule ou construction cellulaire, naturelle ou artificielle, peut-elle être qualifiée d'embryon ? », la réponse semble bien devoir être : « Lors de son implantation dans un utérus, après qu'il ou elle a subi quelque modification lui permettant de s'y développer. » Parmi ces modifications, la fécondation n'est qu'une des possibilités, celle que la nature a favorisée avant que les techniques humaines n'en inventent, ou découvrent, d'autres.

Cela pourrait justifier l'adoption du concept de « pseudo-embryon », ou de « pré-embryon » au sens de préimplantation, pour qualifier ces structures cellulaires, naturelles ou artificielles, pendant le temps de leur développement où elles peuvent avoir une existence *in vitro* telle qu'elles pourraient ensuite, lors d'une implantation utérine, devenir des embryons. Si l'on préfère utiliser la notion plus abstraite et problématique de potentialité, on voit qu'il s'agirait là de potentialités de potentialités : ces artefacts cellulaires seraient des potentialités d'embryons, eux-mêmes potentialités de personnes !

Notons que les pseudo-embryons fabriqués avec des noyaux cellulaires humains dans des ovules énucléés d'animaux doivent être distingués des « chimères » avec lesquelles on les confond parfois. Des organismes dits « chimériques », associant des propriétés de deux espèces différentes, comme moutons-chèvres, ont pu être produits par fusion d'œufs fécondés. Un ovule de chèvre et un ovule de mouton étaient fécondés *in vitro* par des spermatozoïdes de leur espèce respective, et fusionnés immédiatement après. De la cellule ainsi produite, avec deux noyaux d'espèces différentes, il résultait, après implantation utérine, un embryon viable dont certaines cellules étaient de chèvre et d'autres de mouton. La situation est très différente en cas de clonage interspécifique : il n'y a ici qu'un noyau d'une seule espèce dans le cytoplasme de l'autre. En outre, sans implantation utérine concevable, il n'est pas question d'obtenir un organisme. C'est pourquoi, on pourrait plutôt parler ici de « prothèse cellulaire cytoplasmique ». De même n'est-il pas correct de parler de chimérisme, et encore moins de « souris humanisée », comme on le lit parfois, quand on insère un ou quelques gènes d'origine humaine dans une souris transgénique. Enfin, dans certaines expériences, il est utile de fusionner deux œufs fécondés *de lignées différentes d'une même espèce*, par exemple souris blanches et noires. On obtient alors des souris mosaïques, présentant des cellules de souris blanche et de souris noire, ce qui fait parler parfois de chimères, comme à propos des moutons-chèvres. En fait, ce cas de figure est encore différent. Il s'apparente plutôt à une sorte de métissage expérimental, puisqu'il ne s'agit pas d'espèces différentes. Tout cela montre bien en quoi la terminologie peut être trompeuse, quand, par commodité de langage, un seul mot sert à désigner des réalités biologiques et existentielles très différentes.

Pourtant, l'ectogenèse, là aussi, brouillerait considérablement les cartes. En effet, en permettant de se passer du corps d'une femme, elle permettrait de transférer directement ces pseudo-embryons dans des utérus artificiels. Dans ces conditions, où une expérimentation humaine ne sera plus nécessaire, des biologistes résisteront mal à la tentation d'étudier, *pour voir*, comment et jusqu'à quel stade des organismes – et lesquels – pourraient alors se développer. Une telle étude, ne portant que sur des constructions artificielles en laboratoire, n'impliquerait en effet l'utilisation d'aucun sujet, notamment d'aucune femme, comme objet d'expérimentation, ni comme source de gamète ni comme lieu d'implantation utérine. Quant au noyau de cellule humaine à transférer dans l'ovule animal énucléé, il serait facilement prélevé à partir d'un tissu, par exemple la peau ou le sang de l'expérimentatrice ou de l'expérimentateur eux-mêmes. Ou encore, les nombreuses cellules humaines en culture disponibles dans presque tous les laboratoires de biologie pourraient aussi bien faire l'affaire. Sans doute faudra-t-il alors trouver le moyen d'encadrer rigoureusement ce genre de pratiques, afin d'éviter la naissance d'enfants expérimentaux, dont il n'existera aucune assurance *a priori* qu'ils seront normaux.

V

Ectogenèse et clonage reproductif. Des raisons pour faire et ne pas faire

Nous avons rappelé l'état des questions que poserait la transposition à l'espèce humaine de nouvelles techniques de reproduction sans fécondation actuellement en cours de développement, car elles font apparaître le rôle toujours déterminant de l'implantation utérine féminine dans la procréation.

L'implantation utérine reste un repère et une barrière entre, d'une part, un ensemble de potentialités très large, englobant bien d'autres choses et d'autres finalités qu'une existence humaine personnelle, et, d'autre part, un engagement dans un processus devant conduire à une naissance personnalisée. Une interdiction de faire naître des enfants par clonage, pour quelque raison que ce soit, peut donc se traduire assez simplement par une interdiction d'implantation utérine.

C'est cette situation encore relativement simple

que viendront bouleverser les gestations hors du corps des femmes.

En effet, contrairement au clonage reproductif, pour lequel les oppositions ne rencontrent que des motivations presque toutes largement fantasmatiques, les oppositions à l'utérus artificiel, comme celles à la pilule contraceptive et à l'avortement, résisteront mal au droit revendiqué par les femmes de disposer de leur corps. Le débat sur le clonage s'en trouvera relancé car les conditions de sa réalisation, tant techniques que symboliques, auront changé. Il est remarquable que l'un des rares biologistes qui envisageaient la possibilité théorique de cloner des mammifères – alors que la plupart pensaient qu'il s'agissait là d'impossibilité radicale –, le prix Nobel Joshua Lederberg, prédisait en 1966 que la reproduction humaine par clonage attendrait que l'ectogenèse se soit imposée comme technique maîtrisée socialement acceptée pour en quelque sorte bénéficier de ses retombées [27]. Cette prédiction se justifie par le fait que chacune de ces deux techniques constitue le franchissement d'un seuil qualitatif dans la dénaturalisation de la reproduction. Les débats sur le caractère acceptable ou non du franchissement du seuil de la reproduction asexuée, par rapport aux techniques déjà utilisées de procréation médicalement assistée, changeraient très probablement de nature dans des sociétés où l'autre seuil, celui de l'ectogenèse, aurait été déjà franchi. Car celle-ci, une fois devenue un mode normal de gestation permettant de se passer d'utérus maternel pour faire naître un enfant, reposerait de façon nouvelle, encore plus dramatique, les questions sur ce qu'est un embryon et sur son statut juridique.

Tant que l'ectogenèse reste du domaine de prédictions futuristes encore à la limite de la science-fiction, l'implantation dans un utérus naturel reste un repère, en même temps qu'un verrou, permettant de contrôler la technique et d'empêcher l'application éventuelle à l'espèce humaine de reproductions non sexuées, telles que le clonage par transfert de noyau somatique et peut-être demain la parthénogenèse. C'est ce verrou, à la fois technique et symbolique, qui aura sauté, dès lors que l'ectogenèse sera devenue une pratique familière – sinon familiale ! – adoptée par une proportion non négligeable de femmes. Alors que les motivations pour faire naître des enfants par clonage sont aujourd'hui très limitées en dehors de fantasmes d'immortalité projetés sur les gènes, on peut concevoir des motivations et des pressions sociales autrement plus fortes, notamment de la part d'une proportion importante de femmes voulant enfanter tout en évitant les servitudes de la grossesse. En retour, on peut concevoir comment des retombées prévisibles sur les structures familiales et sur la diversification des formes de filiation pourront alors contribuer à normaliser des modes de reproduction biologique comme le clonage et la parthénogenèse, considérés aujourd'hui comme socialement inacceptables.

Une fois que des utérus artificiels auront fait naître des bébés normaux chez des mammifères non humains – bovidés, ovidés, porcs, animaux de compagnie, etc. –, il est probable que rien ne pourra empêcher l'application de la technique à l'espèce humaine. On peut imaginer que des arguments éthiques, relayés dans l'opinion par des lois nationales et internationales, pourront éventuellement être mobilisés dans le but de conduire à une interdiction absolue. On pourrait invoquer le précédent du clonage reproductif, qui a pour le moment de fortes chances d'être interdit au stade de la recherche et du développement nécessaires pour transposer à l'espèce humaine une technique animale encore au stade expérimental. Mais ce précédent est trompeur, car l'ectogenèse humaine poserait des problèmes éthiques, sociaux et politiques très différents de ceux du clonage reproductif, ou encore de la parthénogenèse et du bouturage, pour le cas, toujours hypothétique, où ces techniques seraient facilement réalisées sur des mammifères.

Pour s'en rendre compte, il n'est pas inutile de rappeler brièvement certains éléments du débat sur le clonage reproductif humain, largement entamé à partir de l'hypothèse, non encore vérifiée, que la technique serait biologiquement sûre sur l'animal, ne produisant ni grossesses anormales, ni embryons malformés, ni enfants porteurs de maladies congénitales. Les premières réactions, soit d'horreur soit de fascination, après la naissance de la brebis Dolly, premier clone de mammifère, étaient en fait produites par un malentendu. Un clone étant produit à partir du même génome que l'organisme cloné, on y voyait une copie à l'identique de cet organisme. Cette vision des choses était le résultat de plus de trente ans d'enseignement non critique et de mauvaise vulgarisation de la biologie moléculaire, qui avaient réduit le biologique au génétique. Le génome, à la façon d'un programme d'ordinateur, était censé déterminer l'identité biologique de chaque individu au moins pour l'« essentiel », pensait-on. Deux individus ayant un même génome devaient donc être identiques biologiquement, même si, en bons dualistes, certains étaient prêts à admettre des effets possibles, quoique limités, de l'environnement et de la culture sur le développement mental et affectif. On oubliait les observations pourtant bien connues sur les vrais jumeaux, porteurs des mêmes gènes, et pourtant biologiquement différents, du fait des mécanismes épigénétiques de leur développement, aboutissant notamment à des systèmes immunitaires et à des cerveaux différents.

Devant l'ampleur du malentendu, les corrections se sont mises en place dans la diffusion de l'information pour remplacer cette vision simpliste du « tout-génétique » par une vision plus nuancée des interactions moléculaires et cellulaires complexes qui font l'individualité d'un organisme, à travers des processus évolutifs qui peuvent se poursuivre pendant toute l'existence. La structure des gènes n'est, en effet, qu'une partie relativement statique, dans l'ensemble des déterminations biologiques d'un individu.

Dans ce contexte, cloner un mammifère ne veut pas dire en produire une copie, puisque deux individus génétiquement identiques ne sont pas identiques. Avec l'éclaircissement de ce malentendu, on pouvait penser qu'allait tomber la raison principale d'interdire – ou de désirer – une reproduction humaine par clonage.

Mais l'imprégnation par la culture du tout-génétique, voire le fétichisme du gène, étaient tellement forts que la reproduction d'êtres humains génétiquement identiques à d'autres devait rester interdite, que ce soit par clonage ou aussi bien par scission d'embryons produisant artificiellement ce que fait la nature quand elle fait des jumeaux. C'était du moins la recommandation du Comité consultatif national d'éthique pour les sciences de la vie et de la santé en France, suivie par de nombreux comités d'éthique nationaux et internationaux. Il existe actuellement, semble-t-il, un consensus international pour interdire toute pratique de clonage reproductif humain dans le cadre d'une législation internationale encore à mettre en place. Mais ce consensus repose sur un nouveau malentendu. Beaucoup de biologistes, de médecins, de philosophes et même de religieux seraient prêts à permettre cette pratique, de façon encadrée, dans des cas bien circonscrits, si elle était biologiquement sans danger. Tous s'accordent sur le fait qu'en l'état actuel de la technique sur l'animal et compte tenu du très faible taux de succès, des succès eux-mêmes relatifs et incertains, il serait criminel d'expérimenter sur l'homme, en l'occurrence la femme, du point de vue des règles habituelles qui encadrent toute expérimentation humaine à visée thérapeutique ou de recherche. Il est donc heureux, pour une conclusion possible du débat législatif actuel, que le clonage reproductif animal ne soit pas au point et que ce qui est en jeu soit la mise en route éventuelle d'un projet d'expérimentation sur la femme visant à transposer cette technique à l'espèce humaine.

Mais, à l'abri de ce consensus dans l'immédiat, le débat continue pour le cas hypothétique où le clonage reproductif humain serait devenu une nouvelle technique de procréation médicalement assistée disponible, venant s'ajouter à l'insémination artificielle, la fécondation *in vitro* et ses variantes, telles que l'injection intracytoplasmique de spermatozoïdes ou même de spermatozoïdes non matures prélevés dans un testicule.

Car il existe d'autres raisons que l'invocation erronée de copies conformes pour interdire le clonage reproductif humain, même dans l'éventualité où il serait biologiquement « sûr », au moins autant que les autres techniques de PMA. Ces raisons, par hypothèse, ne sont pas biologiques tant que cette pratique resterait circonscrite à des cas peu fréquents et ne deviendrait pas le mode de reproduction normal de l'espèce humaine. (En ce cas, en effet, un danger certain existerait de perte dommageable de diversité génétique de l'espèce, du fait du caractère asexué de ce type de reproduction.) On ne voit pas qu'elles soient non plus métaphysiques ou religieuses, à moins d'adhérer à une religion ou morale naturaliste, proscrivant toute intervention humaine dans le déroulement naturel des choses.

Mais il existe des raisons sociales tout aussi fortes, qu'on aurait tort de négliger, même si elles semblent moins « absolues ». On peut citer les troubles de la filiation (un fils ou une fille serait en même temps frère ou sœur, jumeau ou jumelle, plus ou moins décalé dans le temps), les dangers de racisme anti-clones et, de façon générale, toute forme d'instrumentalisation d'un enfant à naître, conçu comme moyen de perpétuer un génome fétichisé qu'il s'agirait de reproduire.

Notons que le fait de ne pas qualifier d'embryons ces artefacts cellulaires n'implique pas, comme on a pu l'entendre, que des enfants éventuellement nés de cette façon après implantation utérine, quelles qu'en soient les circonstances permises ou illicites, seraient des êtres moins humains que les autres. C'est le désir à tout prix de définitions *a priori*, étiquetant une fois pour toutes ce que doit être l'« essence » d'un être humain, celle d'un embryon, qui conduit parfois à cette conclusion absurde. Au contraire, comme l'avait affirmé un grand témoin au comité d'éthique présidentiel américain lors de ses débats sur le clonage reproductif humain, en 1997, bien qu'à ses yeux l'éventualité de cette pratique fût une offense à la dignité humaine, aucune sorte de dignité amoindrie ne devait être attribuée à tout enfant qui en naîtrait.

En effet, ce que nous pouvons apprendre, entre autres, de l'unité substantielle et de la continuité évolutive du vivant à travers sa diversité, est que ce qui n'est pas vivant peut le devenir à partir d'éléments (moléculaires) qui ne le sont pas, ce qui n'est pas un embryon peut le devenir, ce qui n'est pas un homme peut le devenir ; tout comme ce qui n'est pas un arbre – un germe – peut le devenir. C'est, après tout, faire bon marché des efforts de la nature, relayés par ceux de l'agriculture, pour faire pousser un arbre que de l'identifier purement et simplement avec ce qui serait son « essence » dans son germe.

Il n'en reste pas moins que des dangers d'ostracisme et d'exclusion de « clones » humains existeraient certainement, même sur la base de conceptions totalement erronées. L'inanité des fondements biologiques du racisme n'empêche pas celui-ci de se manifester.

Ces raisons de ne pas s'engager sur la voie du clonage reproductif humain sont à opposer à des motivations fantasmatiques d'immortalité ou de réincarnation génétique dans l'immense majorité des cas. Autrement dit, les raisons éventuelles de le faire sont loin de l'emporter sur les raisons d'interdire, même si celles-ci pourraient, dans certains cas particuliers, être contournées.

Il fallait rappeler ces éléments du débat actuel

sur le clonage reproductif humain pour montrer, par contraste, que les enjeux du futur utérus artificiel sont ailleurs. Ils ne concerneront pas tant les futurs enfants, même si ceux-ci seront évidemment affectés par les conditions de leur naissance, ni leurs représentations dans le désir de tiers.

On pourrait imaginer ici aussi des raisons sociales d'interdire, mais elles ne résisteraient pas longtemps aux raisons pour le faire, car les motivations pour remplacer la grossesse par un développement en milieu artificiel ne seraient pas de l'ordre d'un « désir d'enfant » biologique à tout prix, plus ou moins fantasmatique. Nous avons vu que les premières justifications seraient probablement médicales, pour sauver des embryons d'avortements spontanés, puis pour permettre de procréer à des femmes sans utérus… Pourtant, très vite se développera une demande de la part de femmes désireuses de procréer tout en s'épargnant les contraintes d'une grossesse. De ce point de vue, les enjeux de l'utérus artificiel doivent être rapprochés non pas de ceux des procréations médicalement assistées, mais de ceux de la pilule contraceptive et de la libéralisation de l'avortement. Ce n'est pas un « droit à l'enfant », plus ou moins contestable, qui sera invoqué, mais le droit des femmes à disposer de leur corps. Dès qu'il sera possible de procréer en évitant une grossesse, au nom de quoi s'opposera-t-on à la revendication de femmes de pouvoir choisir ce mode de gestation ? Le droit des femmes à disposer d'elles-mêmes et à refuser une grossesse en utilisant les services d'un utérus artificiel sera autrement plus fort que le droit parfois invoqué à « satisfaire un désir d'enfant », même si désir d'enfant il y aura aussi.

Car il existe plusieurs sortes de droits individuels. Certains ne sont limités que par le devoir de ne pas léser autrui, mais n'impliquent aucun devoir de la société, sinon de police, pour leur permettre de s'exercer. Par exemple, le droit de passer des vacances de rêve en dépensant une fortune n'implique pas un devoir de la société de financer l'exercice de ce droit. Au contraire, les droits à l'éducation, au travail, à la santé, impliquent des devoirs de la société pour qu'ils ne restent pas purement théoriques. Plus une société est individualiste, plus le domaine des droits de la seconde sorte est étendu. Le droit d'enfanter à tout prix malgré des impossibilités naturelles peut être considéré comme faisant partie du droit à la santé et donc impliquer un devoir de la société pour permettre de l'exercer. C'est ce que réalisent la mobilisation du corps médical et sa mise au service de ce droit dans l'exercice des PMA, et plus encore quand celles-ci relèvent de l'assurance maladie. Mais ce droit et le devoir de la collectivité qu'il implique n'ont-ils aucune limite ? En particulier, la société ne doit-elle pas s'interroger sur les effets de l'exercice de ce droit sur ses propres relations avec les enfants qui en naîtront ? C'est de ce point de vue que l'on peut analyser les similitudes et les différences entre les revendications du droit à la procréation médicalement assistée par quelque technique que ce soit, y compris éventuellement par clonage, et celles du droit des femmes à disposer de leur corps, y compris quand il s'agit de procréation comme ce serait le cas si l'utérus artificiel était disponible.

VI

De qui est-ce l'affaire ?

Il faut sans doute se poser la question suivante : de qui est-ce l'affaire de faire naître des enfants et de les élever ? Est-ce une affaire exclusivement individuelle, de chaque femme ou homme, avec son désir d'enfant, qui a remplacé aujourd'hui l'« instinct » de reproduction par lequel les pulsions sexuelles assuraient les naissances non contrôlées ? Ou bien est-ce une affaire concernant aussi la société dans laquelle l'enfant sera élevé et dont il sera membre ? Ou encore est-ce l'espèce humaine qui est ici concernée, dans la mesure où c'est sa survie qui est en jeu, comme pour toute autre espèce, dans cette succession des générations ?

Suivant le type de cultures et de sociétés, l'un de ces trois partenaires est favorisé par rapport aux deux autres, étant entendu que l'enfant à venir n'a pas vraiment droit, si l'on peut dire, à la parole. Et parler pour lui revient souvent à lui faire prendre le parti soit des parents potentiels et de leur désir, soit de la société, soit de l'espèce. Par contre, nous le verrons, cet enfant pourra éventuellement être victime des pratiques effectuées avant sa naissance, et que l'on peut, pour cela, dans certaines circonstances, qualifier de criminelles si elles sont intentionnelles. Il est clair que dans les sociétés libérales dont les États-Unis servent de modèle, où la liberté individuelle est érigée en valeur suprême, les questions de procréation sont du ressort exclusif des parents. Toute intervention extérieure est ressentie comme une intrusion insupportable dans la vie privée, qu'il s'agisse de procréation naturelle, où tout se passe en effet dans l'intimité du couple sans faire appel à aucun tiers, ou aussi bien de procréation médicalement assistée, dont les techniques plus ou moins lourdes impliquent la participation active des organisations de soins, médicales et paramédicales. C'est là où les traditions politiques et économiques de différents pays interfèrent avec ces pratiques : le libéralisme économique, la liberté de procréer par quelque technique que ce soit, sans limites au « désir d'enfant », débouchent sur l'entrée en force du marché dans ces techniques qui deviennent tout naturellement des objets de consommation. Cela justifie, dans certains pays dont la France et la plupart des pays européens, l'intervention de l'État jusqu'à la promulgation de lois visant à réguler ces pratiques dans le cadre de l'exercice de la médecine et de la recherche biomédicale. Procréer par des techniques impliquant la mobilisation de tiers devient alors l'affaire de la société.

Mais l'intervention de l'État dans les affaires de procréation n'a pas toujours bonne presse, même de ce côté de l'Atlantique. Elle fut marquée dans le passé par des pratiques eugéniques barbares, non seulement en Allemagne nazie mais dans d'autres pays, démocratiques, comme la Suède ou les États-Unis. Rappelons les stérilisations forcées, sinon l'élimination pure et simple de tous ceux, qualifiés de « malades mentaux », qui étaient considérés comme déviants d'une sorte ou d'une autre suivant les critères sociaux du lieu et de l'époque.

Enfin, pour certains, faire naître des enfants et les élever concernerait aussi l'« espèce humaine ». C'est surtout parmi des scientifiques que l'on a trouvé dans le passé des défenseurs de cette thèse. On en trouve encore, bien que minoritaires, qui prônent une sélection génétique des enfants à naître, dans le but d'« améliorer » ou de ne pas « laisser se dégrader » l'espèce humaine (la *human race* des Anglo-Saxons), comme s'il était possible de définir des bons et des mauvais gènes, en dehors des cas bien circonscrits, tout à fait particuliers et non généralisables, de maladies monogéniques à forte pénétrance.

C'est dire qu'à la question « De qui la procréation médicalement assistée en général est-elle l'affaire, de l'individu, de la société ou de l'espèce ? », des réponses différentes, adaptées à des situations différentes sont apportées, qui peuvent être plus ou moins bien justifiées moralement et juridiquement.

Nous avons vu que les barrières entre vivant et non-vivant, et entre les différentes espèces vivantes, sont évolutives, existentielles et non essentielles. Elles n'en sont pas moins contraignantes d'un point de vue social, éthique et juridique. Mais leur caractère évolutif permet de comprendre qu'elles sont facilement transgressables par des technologies qui ne font que révéler la nature du vivant et de son unité. Nier cette unité profonde et s'accrocher à des valeurs ou des normes fondées sur des barrières de plus en plus poreuses peut avoir des effets contre-productifs. L'expression proposée dernièrement de « crime contre l'espèce humaine » nous en fournit déjà un exemple suggestif. C'est ainsi que la loi d'éthique biomédicale, votée en France en 2004, qualifie le clonage reproductif humain. Doit-on y voir une influence de Hans Jonas ou de Jürgen Habermas sur les initiateurs de cette loi ? Habermas préconise une « éthique de l'espèce humaine » pour traiter des problèmes de PMA, de diagnostic préimplantatoire et de thérapies géniques. Ces problèmes relèvent pour lui de ce qu'il appelle un « eugénisme libéral », qui serait un danger de régression morale pour l'espèce humaine, bien que de façon plus douce que l'eugénisme autoritaire et barbare que nous avons connu[28].

Ces réflexions s'inscrivent de façon évidente dans la lignée de Jonas et de son heuristique de la peur. Mais cette thèse repose sur des présupposés biologiques encore fortement marqués par la vulgate du tout-génétique, suivant laquelle l'« essence » de l'homme, individuellement et collectivement, se trouverait dans ses gènes. Nous avons vu que la recherche de définitions essentialistes sur ce qu'est un embryon, un être humain, etc., se heurte à la réalité biologique de l'unité du vivant, où un pseudo-embryon humain pourrait, dans certaines circonstances, devenir un embryon, puis un être humain à part entière.

Il semble que la qualification du clonage reproductif humain comme « crime contre l'espèce humaine » ait été proposée en lieu et place de celle de « crime contre l'humanité » qui avait soulevé des objections diverses, en relation notamment avec le fait que le clonage reproductif humain, faisant naître des enfants, ne pouvait pas être assimilé à des crimes au contraire porteurs de mort, tels que les génocides.

Mais remplacer « crimes contre l'humanité » par « crime contre l'espèce humaine » c'est tomber de Charybde en Scylla. On pourrait, dans certaines conditions, parler de crimes contre l'humanité à propos de clonage reproductif ou de toute autre technique visant à fabriquer des êtres humains sur mesure, dont les caractères – génétiques ou autres – seraient déterminés par des désirs de tiers plus ou moins intéressés. La référence ne serait pas le génocide mais les *Lebensborn* nazis, qui ont fait naître des enfants par accouplement forcé d'hommes et de femmes « aryens », dans le but de promouvoir la « race des surhommes ».

Il est intéressant, pour comparer ces deux qualifications de crimes « contre l'humanité » et « contre l'espèce humaine », de se poser la question des victimes de ces crimes. Ce sont évidemment les êtres humains eux-mêmes, massacrés dans les génocides, ou encore réduits en esclavage, soumis à la torture et à « d'autres traitements inhumains et dégradants », puisque ces pratiques aussi, et pas seulement les génocides, sont qualifiées de « crimes contre l'humanité » dès lors qu'elles font partie de politiques collectives et systématiques. Concernant le clonage reproductif humain ou d'autres techniques de fabrication d'enfants comme objets de domination ou de consommation, ces enfants eux-mêmes seraient les victimes, comme ceux qui sont nés des *Lebensborn*, alors même que, dans ce cas, la technique de procréation était la plus naturelle qui fût. Cela montre bien que le caractère criminel ne tient pas nécessairement à la dimension biologique des « techniques » utilisées, mais à leur finalité et au contexte social de leur application. Qualifier ces comportements de « crimes contre l'humanité » en les assimilant à des traitements inhumains et dégradants ne veut pas dire évidemment que l'humanité est elle aussi victime en ce qu'elle disparaîtrait des victimes de ces traitements. Comme les esclaves et les autres victimes de crimes contre l'humanité, des enfants nés par clonage seraient évidemment humains à part entière, à tous les sens du terme, autant que n'importe quel autre être humain. Leur humanité comme appartenance à l'espèce ne serait en aucune façon atteinte. C'est l'humanité relationnelle et non biologique qui disparaît de la relation bourreau-victime dans un traitement précisément dit pour cela *inhumain.* C'est en ce sens seulement que l'humanité des relations humaines peut être dite victime de crimes contre l'humanité quand ces relations deviennent celles de traitements inhumains.

On peut donc concevoir de qualifier de crimes contre l'humanité le clonage reproductif humain, ainsi que des conditionnements chimiques, électroniques, voire psychologiques, en tant que politiques concertées et systématiques d'aliénation. Les victimes en seraient de futures personnes humaines dans le cas du clonage ou de la modification d'embryons avant implantation, ou des personnes déjà existantes dans le cas du conditionnement d'enfants ou d'adultes.

Mais rien n'empêche de concevoir que, dans un avenir lointain, la dissociation entre sexualité et procréation se soit généralisée, éventuellement étendue et complétée par des techniques d'ectogenèse, au point que des structures sociales et des systèmes de filiation et de responsabilité parentale complètement différents soient institués. Alors, comme la procréation naturelle des *Lebensborn* n'est évidemment pas criminelle en dehors de son contexte d'esclavage, certaines indications de reproduction par clonage ne le seraient pas non plus, ayant trouvé leur place sociale dans ces systèmes de filiation et de relations parentales. Cela suppose évidemment que la relation parent-enfant change de nature, que le désir d'enfant devienne de plus en plus désintéressé, que la stigmatisation des différences biologiques, réelles ou fantasmatiques, se soit fondue dans une espèce de banalisation sociale des techniques utilisées. Nous en sommes loin et peut-être les générations futures n'y arriveront-elles jamais. Il se peut aussi que la nature soit plus rétive qu'on ne le croit et que ces techniques ne soient pas maîtrisées chez l'animal, comme c'est actuellement le cas. Alors, leur utilisation chez l'homme resterait criminelle de droit commun, si l'on peut dire, comme transgression de toutes les règles admises d'expérimentation humaine. C'est d'ailleurs à ce titre qu'une interdiction internationale absolue est importante pour freiner les ardeurs de certains médecins biologistes de la reproduction, fous et cupides, déjà prêts à profiter de la crédulité non moins folle de clients potentiels. Une proposition dans ce sens à l'ONU est actuellement rejetée, bloquée par une majorité qui préfère paradoxalement ne pas interdire le seul clonage reproductif, pour que le non reproductif ne soit pas considéré comme permis !

Par rapport à ces considérations, les enjeux sociaux, moraux et juridiques de l'introduction de l'ectogenèse comme mode de gestation disponible *pour toute femme qui le désirerait* sont très différents de ceux des autres techniques de procréation. On doit ici considérer le contexte individuel des femmes, comme corps de la gestation en charge de la reproduction sociale, comme « ventres » suivant leur qualification explicite ancienne par le droit romain[29]. L'enjeu devient alors, nous le verrons, la possibilité d'une évolution vers une véritable égalité des sexes, déjà commencée avec l'accès des femmes à la liberté de contraception et d'avortement.

VII

La condition féminine entre contraception et procréation médicalement assistée

Qu'il s'agisse de contraception ou de PMA, on a certes toujours affaire à une procréation contrôlée et médicalisée. Mais il est important de bien différencier ces pratiques suivant leurs motivations et leurs effets éventuels. Nous avons, d'un côté, le contrôle des naissances par prévention de grossesses non désirées à l'aide de moyens contraceptifs, tels que le stérilet et surtout la pilule. D'un autre côté, l'insémination artificielle et les différentes techniques de fécondation *in vitro* visent à pallier des stérilités masculines ou féminines, c'est-à-dire au contraire à provoquer des grossesses. Ce qui est commun à toutes ces pratiques est l'intervention de techniques biomédicales dans des processus de procréation qui s'effectuent habituellement de façon naturelle. Comme on l'a vu, ces interventions posent de façon plus aiguë la question de savoir de qui est l'affaire de concevoir et de faire naître un enfant. Les techniques de contraception, auxquelles on peut associer l'avortement, ont pour résultat de permettre une sexualité séparée de la procréation. Les procréations médicalement assistées, réciproquement, séparent la procréation de la sexualité. L'utérus artificiel séparera la procréation de la grossesse. Bien qu'on puisse les regrouper dans un cadre général de contrôle ou de planification des naissances visant à faire mettre au monde des enfants désirés et seulement désirés, on voit que les motivations et finalités immédiates de ces deux groupes de techniques sont opposées : prévenir des grossesses et des naissances non désirées pour les premières, provoquer au contraire des grossesses et des naissances autrement impossibles pour les secondes.

Se plaçant du point de vue des enfants à naître, on voit aussi que les enjeux et les problèmes éthiques, philosophiques, religieux, psychosociaux qu'ils posent sont opposés. Dans un cas, il s'agit d'empêcher des enfants éventuels, ou potentiels, de naître. Dans l'autre, il s'agit au contraire de faire naître des enfants en en contrôlant de plus en plus non seulement la date de naissance, mais encore certains caractères, tels que l'absence de telle ou telle maladie génétique, ou encore le sexe, à l'aide d'un diagnostic préimplantatoire et d'un tri d'embryons. De ce point de vue, la perspective de clonage reproductif humain, et plus encore celles de parthénogenèse et de bouturage à partir de cellules souches adultes si elles se révèlent réalisables, font entrevoir des techniques qui dépassent un double seuil pour ce qui concernerait les enfants ainsi produits. Non seulement ils seraient conçus et fabriqués en laboratoire, c'est-à-dire sans relation sexuelle entre un homme et une femme, comme c'est déjà le cas des fécondations *in vitro*, mais ils seraient fabriqués sans fécondation du tout, de façon asexuée, même au niveau cellulaire, sans fusion de gamètes mâle et femelle.

La séparation de la procréation d'avec la sexualité serait ici totale. Mais un deuxième seuil serait aussi franchi concernant les caractères génétiques de l'enfant à naître : tous ses gènes seraient identiques à ceux d'un individu déjà existant. Même si l'on sait que l'individualité biologique ne se réduit pas aux gènes, ce serait ici la totalité des caractères génétiques d'un individu et pas seulement tel ou tel caractère qui serait imposé d'emblée au futur enfant. Comme on l'a vu, on peut comprendre que le souci des conditions de vie qui seraient imposées d'emblée à ces enfants dans des sociétés où ils constitueraient une nouvelle minorité, éventuellement ostracisée, conduise à proscrire ces pratiques et même à interdire le développement des techniques qui les rendraient possibles dans l'espèce humaine.

Mais il n'en est pas de même des pratiques du premier groupe, à visée contraceptive. La contraception a toujours existé, sous une forme ou sous une autre, depuis le célibat et l'abstinence sexuelle, jusqu'à la pilule en passant par les préservatifs féminins et masculins utilisés depuis longtemps. Elle n'a jamais été perçue comme une agression et encore moins comme un meurtre commis sur des enfants qui non seulement ne sont pas nés mais ne sont même pas conçus. L'opposition de certaines Églises et communautés religieuses portait – et porte encore – sur l'obligation de perpétuer l'espèce ou la société ; obligation dont l'injonction biblique « croissez et multipliez » est une des expressions traditionnelles. Les limitations ou l'interdiction de la contraception ne portent en fait que sur certains moyens et non sur la prévention de grossesse en elle-même. Par exemple, l'usage de préservatifs masculins, ou la pratique du *coitus interruptus*, ont pu être proscrits en tant qu'ils empêchent une relation hétérosexuelle accomplie.

C'est dire que la contraception concerne avant tout des adultes existants. Elle pose la question de leur désir et de leur capacité d'assumer les responsabilités affectives et matérielles inhérentes au fait de procréer. Elle pose aussi celle de leur contribution à la perpétuation et au renouvellement de leur société et, plus largement, de l'espèce humaine.

La contraception ne comporte pas, sinon de façon totalement imaginaire, on ne sait quelle atteinte à des enfants qui n'existent pas, du fait qu'elle les empêcherait de naître ! On pourrait tout aussi bien imaginer, ou rêver, que ces enfants sauraient gré à leurs géniteurs potentiels de ne pas les avoir fait naître. Les débats contradictoires sur ce que l'on a appelé le « droit de ne pas naître » autour de l'arrêt Perruche et de la loi anti-arrêt Perruche qui l'a suivi semblent même donner à ces rêves comme l'ombre d'une réalité[30]. Même si l'on quitte le domaine des fictions juridiques pour prendre au sérieux une réalité métaphysique qui s'exprimerait dans ces projections imaginaires, il s'agit pourtant bien de niveaux de réalité différents. D'un côté, des personnes vivantes, existant concrètement avec leurs besoins, leurs désirs, leurs passions et leurs actions dans des sociétés bien identifiées. De l'autre, des êtres imaginés dont l'« existence » se trouve quelque part dans un continuum de possibles, de potentialités et de virtualités. Ce continuum s'étend depuis les limbes d'individus pas même conçus mais dont certaines potentialités « existent » déjà dans les gamètes, ovules et spermatozoïdes de leurs géniteurs potentiels, jusqu'au fœtus de quelques mois dans l'utérus maternel, que l'on peut visualiser par échographie. C'est évidemment la nature de ce continuum qui est à l'origine des questions difficiles sur la définition d'un embryon et son statut juridique éventuel. Mais il ne viendrait à l'esprit de personne de qualifier de meurtre l'abstention de procréer, même pas à l'auteur biblique dans le cas où elle s'accompagne de pertes volontaires de semence, cet « onanisme » que la Bible condamne, comme on sait, en tant que « mal aux yeux de YHVH ». Par contre, à l'autre extrémité du continuum, on se rapproche de l'infanticide au fur et à mesure qu'un avortement concerne un fœtus viable bien que pas encore né. Il n'en reste pas moins que la naissance, « venue au monde » qui fait suite à un accouchement – que ce soit par les voies naturelles ou par césarienne –, constitue encore le seuil absolu à partir duquel un enfant humain est *vu* comme tel, au sens propre et figuré.

Là aussi, la plupart des philosophies morales, des religions et des législations font une différence entre l'expulsion provoquée d'embryons certes vivants mais non viables hors de l'utérus et l'avortement provoqué de fœtus viables, qui implique nécessairement de les tuer en cours de procédure.

Même dans ce cas extrême, presque tous – le magistère catholique faisant exception – s'accordent pour sacrifier le fœtus si la vie de la mère est en danger. Certaines traditions justifient cette attitude en la rapprochant d'un cas de légitime défense, comme si la mère était agressée par le fœtus.

De façon plus générale, la diffusion des moyens contraceptifs et la libéralisation ou dépénalisation de l'avortement dans les sociétés économiquement développées au XXe siècle s'appuient sur le droit des femmes à disposer de leur corps en tant que celui-ci sert de moyen pour faire naître quelqu'un d'autre. La reconnaissance de ce droit fut une conquête qui joua un rôle déterminant dans la libération de la femme. Elle reste encore à faire dans de nombreux pays. Mais les bouleversements de la condition féminine ainsi produits constituent l'un des changements les plus radicaux survenus dans la « nature humaine » depuis la nuit des temps. C'est pourquoi, quand on pense à des techniques susceptibles de modifier cette nature humaine, évoquant pour le XXIe siècle des possibilités plus ou moins apocalyptiques de déshumanisation ou de post-humanité, ce n'est peut-être pas tellement du côté des techniques les plus spectaculaires de procréation médicalement assistée, associées à la génétique moléculaire, telles que fécondations *in vitro*, diagnostics préimplantatoires, thérapies géniques et autres clonages, qu'il faut regarder. Des bouleversements de la nature humaine ont déjà été produits au XXe siècle par les explosions technologiques de toutes sortes, ainsi que par les représentations scientifiques du monde. Des précédents d'un ordre de grandeur comparable doivent être recherchés il y a plus de deux mille cinq cents ans, quand l'humanité commençait à sortir d'un monde animé par les dieux des divers panthéons mythologiques ; et aussi plus avant, au néolithique, lors de son invention de l'agriculture et de l'élevage par la domestication des animaux.

Cette vision des choses s'impose dès que l'on se rappelle que la « nature humaine » est en fait un mixte de biologie de l'espèce *Homo sapiens* et de sociocultures technologiques produites par cette même espèce et qui la caractérisent.

Parmi tous ces bouleversements, où l'on voit s'intriquer innovations technologiques, modifications des structures sociales et des représentations du monde et des humains par eux-mêmes, les changements survenus dans la condition féminine au XXe siècle jouent un rôle déterminant. La diffusion des moyens contraceptifs et de la planification des naissances a libéré les femmes non seulement des contraintes physiologiques de grossesses non désirées, mais encore des éléments socioculturels qui accompagnaient ces contraintes depuis toujours, concernant les pratiques sexuelles, les structures de la famille et la répartition des tâches dans les sociétés.

C'est pourquoi on peut dire sans exagération qu'à côté des exploitations de l'électricité et de l'électronique, de la physique atomique et de la biologie moléculaire, l'invention de la pilule contraceptive et celle de la machine à laver sont parmi celles qui ont le plus contribué à faire évoluer la nature-culture humaine de façon explosive au XXe siècle.

Quant à l'ectogenèse future, on voit qu'elle réunira des caractères des deux groupes de techniques, dont les finalités sont aujourd'hui opposées : faire naître un enfant *et* prévenir une grossesse. Certes, il s'agira de faire naître un enfant. Mais il s'agira aussi d'éviter une grossesse non désirée. L'utérus artificiel sera une technique de PMA, mais sa motivation sera le plus souvent d'éviter les servitudes d'une grossesse. Aussi, comme dans les cas de PMA, le problème de ses effets éventuels concernera l'enfant à naître, mais, comme dans les cas de contraception et d'avortement, il s'agira surtout pour une femme d'éviter d'être enceinte. Aussi, même s'il s'agira de faire naître des enfants, sa motivation débordera très largement le nombre toujours restreint des PMA répondant au désir d'enfant de femmes ou de couples qui, pour une raison ou pour une autre, ne peuvent pas procréer.

Autrement dit, l'utérus artificiel au XXIe siècle s'inscrira dans la suite de l'évolution commencée au XXe vers une séparation toujours plus grande entre sexualité et procréation. Car, comme pour la contraception et l'avortement, il s'agira du droit de *toutes* les femmes à disposer de leur corps. Il n'y aura pas grand-chose à opposer à ce droit – qui en outre n'empêchera pas la venue au monde d'enfants, par hypothèse, normaux –, comme ce fut le cas du droit à la contraception et à l'IVG. Il est donc vraisemblable et même probable que, conformément à la prédiction de Haldane, bien qu'avec beaucoup de retard, l'ectogenèse se généralise, libérant ainsi les femmes désireuses de procréer des contraintes de la grossesse. Comme on l'a vu, pendant une période relativement courte, l'utérus artificiel sera justifié par des raisons thérapeutiques, telles que le sauvetage d'embryons expulsés de façon non désirée par avortement spontané, ou pour pallier des impossibilités physiologiques, après ablation de l'utérus, par exemple.

Mais, très vite, la gestation extracorporelle deviendra la norme. La gestation intracorporelle restera le résultat de choix idéologiques, ou affectifs, ou esthétiques, de femmes désireuses de faire dans leur corps l'expérience de la grossesse. Toutes proportions gardées, elles seront dans la position des femmes (et des hommes) qui décident, par exemple, de faire leur pain eux-mêmes. Plus parlante est l'histoire de l'allaitement dont la pratique actuelle est plus proche des situations que les perspectives d'ectogenèse permettent d'imaginer. Certaines femmes choisissent d'allaiter leur bébé, alors que l'allaitement artificiel est devenu la norme. Cela fait suite à une longue période où l'appel à une nourrice permettait aux femmes qui le désiraient – et qui en avaient les moyens – de libérer leur corps des contraintes de l'allaitement.

Pourtant, de façon beaucoup plus radicale qu'avec l'allaitement artificiel, le lien initial des enfants avec leur mère, établi depuis la nuit des temps par la grossesse et l'accouchement, sera rompu.

Cela nous renvoie évidemment à l'autre personnage concerné, l'enfant à naître. Même si la motivation essentielle concerne la libre disposition de leur corps par les femmes, contrairement à la contraception et à l'avortement, les conséquences de l'ectogenèse sur les enfants qui en naîtront ne peuvent pas être ignorées. En fait, les pratiques de « mères porteuses » et de PMA en dehors de structures familiales reconnues par la société ont déjà rompu le lien immémorial entre un bébé et la femme qui l'a porté. La séparation entre mère ovarienne (génétique) et mère utérine, qu'a rendue possible la technique pour la première fois dans l'histoire de l'humanité, a déjà distendu ce lien sans toutefois le rompre définitivement. De tout cela sont nées entre autres les aspirations à de nouvelles structures familiales telles que familles monoparentales et homoparentales diverses, que ces techniques ont rendues possibles ou, au minimum, facilitées.

L'ectogenèse, dans ce domaine aussi, bien qu'en continuité avec cette évolution générale de désexualisation de la procréation, franchira un nouveau seuil.

A priori, devant ces perspectives, on peut tout imaginer : depuis le maintien de structures familiales classiques, où les enfants seront nés d'un père et d'une mère qui les auront conçus, l'utérus artificiel ne servant qu'à faciliter la vie de la mère, et peut-être aussi du père, pendant la gestation, jusqu'à des procréations anonymes où les enfants seront élevés dans des structures collectives. Les conséquences sont difficiles à évaluer car les différentes techniques de contrôle des naissances peuvent avoir des effets d'amplification imprévus les unes sur les autres.

C'est ainsi que la libération de la femme dans la seconde moitié du XXe siècle, qui fut un effet des techniques de contraception et de planning familial, a accéléré elle-même, par un effet amplificateur en retour, le développement des PMA qui a suivi. En effet, la libération sociale a permis aux femmes d'entreprendre et de réussir des carrières autrefois réservées aux hommes sans être handicapées par des grossesses et des naissances précoces. Cependant, beaucoup d'entre elles, sinon la plupart, n'ont pas renoncé pour autant à faire naître des enfants. D'où la multiplication de maternités tardives, planifiées en fonction d'exigences professionnelles ou d'épanouissement personnel. Mais la physiologie ne suit pas toujours. Les premières grossesses sont de plus en plus difficiles plus elles surviennent tardivement. D'où le recours croissant à la médicalisation et aux PMA de toutes sortes.

C'est dans la suite de ce processus que l'utérus artificiel achèvera la libération sociale des femmes en les rendant égales aux hommes devant les contraintes physiologiques inhérentes à la procréation. Alors, la révolution commencée de façon apparemment anodine avec la pilule et la machine à laver sera achevée avec l'ectogenèse.

Cette révolution aura évidemment des conséquences, mais celles-ci se feront sentir dans des domaines multiples, difficiles à prévoir dans leurs détails. Or, ce sont les détails qui en feront des avancées ou des dégradations de la condition humaine.

On peut essayer au moins d'imaginer quelques impacts de cette technique, d'une part sur les enfants qui en naîtront et, d'autre part, sur les bouleversements de la différence des sexes, beaucoup plus radicaux que toutes les modifications qu'ont déjà pu subir les structures familiales du fait des débuts de libération des femmes au XXe siècle.

VIII

Un enfant de l'ectogenèse?

Plusieurs questions concernent l'enfant. Tout d'abord, avant même qu'il ne naisse, qu'en sera-t-il de son développement intra-utérin du fait de l'absence de relations normales entre la mère et le fœtus ? On connaît l'importance de ces relations faites de sensations communiquées de l'une à l'autre, conscientes et inconscientes, qui ne peuvent pas ne pas jouer un rôle dans le développement. Mais on ne connaît pas vraiment, sinon par des conjectures plus ou moins hasardeuses, quels sont dans le détail les voies de communication et les mécanismes par lesquels cette symbiose mère-fœtus agit sur l'affectivité et, plus généralement, sur la personnalité du futur enfant. Quels seront, de ce point de vue, les effets du remplacement de l'utérus maternel par un utérus artificiel ? On en est réduit à faire preuve d'imagination et, comme souvent en matière d'innovations technologiques, la science-fiction peut y aider.

Signalons donc un film télévisé projeté il y a quelques années[31], qui mettait en scène quelques-uns des problèmes auxquels faisait face un couple contraint de faire « porter » son enfant par un utérus artificiel. Il s'agissait au départ d'hétérosexualité classique, si l'on peut dire, ayant déclenché chez la femme, par fécondation tout ce qu'il y a de plus naturelle, une grossesse normale et désirée. Mais celle-ci se voit brutalement arrêtée par un accident de voiture. Dans les heures suivant l'accident, il devient évident qu'un avortement est inévitable. C'est alors qu'on découvre le parrain de cette femme qui se trouve être un grand médecin, chercheur en biologie de la reproduction, travaillant depuis plusieurs années à la mise au point d'un utérus artificiel ! Il vient justement de réussir plusieurs tests sur des chimpanzés qui ont abouti à la naissance normale de bébés singes développés dans ces conditions. Désireuse de sauver son enfant, la future mère est prête à ce que l'embryon soit transféré de son propre utérus dans la machine de l'inventeur. Celui-ci est très tenté de franchir le pas et, en même temps, plein de scrupules, comme il se doit, devant les risques inconnus que comporte toujours la transposition d'une technique nouvelle de l'animal à l'homme. Le mari, d'abord horrifié par cette perspective, se rallie peu à peu au désir de sa femme. En parallèle, le médecin demande son avis à un comité d'éthique, mais celui-ci, au terme de délibérations difficiles, interdit de procéder à cette expérimentation. Désarroi, nouvelles questions. Finalement, le médecin et la femme décident de passer outre et procèdent clandestinement au transfert d'embryon. Le mari n'est mis dans le secret qu'après coup. Commencent alors les longs mois de gestation dans la machine. Celle-ci a un avantage évident sur un utérus naturel : on peut observer ce qui s'y passe beaucoup plus facilement que ce que permettent les images obtenues par échographie. Se met alors en place, toujours dans la clandestinité qui dramatise encore plus la situation, un ensemble d'échanges entre le futur enfant dans la machine, le médecin et le couple de parents, la mère au premier chef. Celle-ci essaie, autant que possible, de remplacer les communications inconscientes de la grossesse par des stimulations provoquées à travers les parois de l'utérus artificiel. Évidemment, elle parle au fœtus mais elle tente aussi de reproduire les mouvements de son propre corps qu'il aurait ressentis s'il était resté dans son ventre. La machine est donc animée de mouvements de toutes sortes, balancements et autres, censés simuler ceux du corps de la femme. Le mari n'est pas en reste. Lui aussi parle et contribue à stimuler le fœtus en lui faisant entendre quelques morceaux de musique parmi ceux qu'avec sa femme ils ont l'habitude d'apprécier.

Le transfert initial de l'embryon hors du corps de la femme avait pu passer inaperçu en étant présenté comme l'avortement planifié. Mais il devient de plus en plus difficile de continuer à cacher la réalité au fur et à mesure que le fœtus grossit et que la poursuite de la gestation dans ces conditions nécessite une attention soutenue du médecin et du couple. Plusieurs péripéties sont marquées par différentes étapes du développement, où se pose chaque fois la question d'interrompre l'expérience, de faire naître le bébé avant terme ou de continuer. Finalement, le pot aux roses, si l'on peut dire, est découvert au moment de la naissance planifiée, « délivrance » particulièrement bien nommée. Le film se termine sans que l'on sache vraiment ce qu'il en est du bébé, bien que l'on puisse supposer que tout se passera bien !

Cette histoire est intéressante comme préfiguration partielle de ce que pourrait être une gestation artificielle, avec peut-être la clandestinité en moins, si l'on admet que les conditions puissent être un jour réunies pour que l'expérience soit tentée ouvertement avec l'approbation de la société, éventuellement par comité d'éthique interposé. Rien ne dit, *a priori*, que les conditions d'une telle gestation, surveillée de cette façon, soient plus pathologiques que celles d'une gestation naturelle. La diversité pratiquement infinie des conditions dans lesquelles sont vécues les grossesses, depuis toujours, semble en effet indiquer une grande capacité d'adaptation des fœtus arrivant à terme, aux modes de vie et aux comportements divers et variés des femmes qui les portent. On peut donc imaginer qu'ils puissent s'adapter aussi à des conditions artificielles visant à reproduire certains de ces comportements.

Mais cela n'est pas le seul problème auquel devront faire face les enfants nés de cette façon. En supposant que des bébés physiologiquement normaux soient nés, quels seront les retentissements de cette technique sur la suite des événements ? Dans quelles conditions seront-ils élevés et se développeront-ils comme enfants, puis adolescents jusqu'à devenir des adultes autonomes ?

Dans le cas du film, tout semble devoir se passer pour le mieux, puisque l'enfant va être élevé par ses deux parents avec tout l'amour qu'on peut imaginer, étant donné les circonstances de son sauvetage.

En sera-t-il de même quand la technique ne sera pas appliquée seulement pour pallier des impossibilités de grossesses désirées, mais tout simplement pour faire naître des enfants sans en passer par les contraintes d'une grossesse non désirée ?

Certains de ces enfants seront certes désirés, mais leur relation charnelle avec leurs parents ne sera plus une donnée initiale de leur existence, leur naissance ne sera plus un accouchement du corps de leur mère. Plus exactement, cette donnée-là n'existera plus dans l'expérience d'une femme et, si tant est qu'elle élèvera l'enfant « comme une mère », le contenu des représentations ayant nourri son sentiment maternel sera en quelque sorte « décharnélisé », dépourvu de cette référence à l'accouchement qui reste encore un déterminant important, sinon le déterminant principal, de la maternité. Pour l'enfant lui-même, pendant ses premières années, il n'est pas évident que des conséquences importantes soient inévitables. Le temps n'est pas si éloigné où les enfants en bas âge se représentaient leur naissance en dehors de toute référence génitale à travers des contes de fées. Ces mythes d'origine leur représentaient leur arrivée au monde « dans un chou » ou « amenés par des cigognes », à la demande de leurs parents évidemment, mais sans que cela impliquât pour autant dans leur imagination la proximité charnelle, et encore moins la fusion avec le corps de leur mère.

C'est par contre pour celle-ci que le changement risque d'avoir d'emblée des conséquences importantes. La suppression de la grossesse et de l'accouchement, bouleversant la réalité physique de la maternité, risque d'entraîner sinon la disparition de tout sentiment maternel, du moins des modifications profondes dans la façon qu'aura une femme de concevoir et de vivre une maternité éventuelle. En fait, *la maternité dans les conditions d'une ectogenèse deviendrait très proche de la paternité.* Une filiation biologique resterait possible, mais elle serait réduite, comme dans la paternité, à la réalité microscopique, cellulaire et génétique, de l'ovule ou du spermatozoïde. Par rapport à l'histoire d'un enfant, qui commence à sa naissance, il s'agit là d'une réalité préhistorique, ou archéologique, qui ne peut être l'objet que de représentations abstraites, pour les parents comme pour l'enfant, informes et difficilement rattachées au bébé qui vient au monde avec son corps et son visage d'être humain. C'est là que le suivi attentionné du développement intra-utérin dans la machine, comme nous le fait imaginer le film, aura probablement une importance déterminante sur le développement des relations maternelles et paternelles. Il n'en reste pas moins que la maternité, en l'absence de grossesse et d'accouchement, qu'elle soit biologique (cellulaire-génétique) ou non (si la cellule initiale provient d'une autre femme), ne sera plus immédiatement donnée. Comme la paternité, elle devra être construite.

La différence des sexes dans la procréation et la filiation aura disparu en tant que donnée de la nature immédiatement perçue.

Cela nous amène aux conséquences sociales et anthropologiques plus larges : bouleversement ou disparition progressive de la différence des sexes.

IX

Mères dépossédées ou femmes libérées ?

C'est dans l'expérience de la procréation que l'on perçoit de façon massive, depuis la nuit des temps, la différence des sexes. La reproduction sexuée, chez les êtres humains comme chez tous les mammifères – et aussi dans la plupart des autres espèces d'animaux – fait apparaître une asymétrie massive : sans même entrer dans les détails de la physiologie – un seul ovule, grosse cellule amenant les chromosomes maternels et bourrée d'un cytoplasme abondant d'un côté, millions de spermatozoïdes de l'autre, petites cellules presque totalement réduites à leur noyau porteur des chromosomes paternels –, c'est au seul sexe féminin qu'il appartient de grossir, de porter l'enfant et de le faire naître en accouchant. Cette évidence peut difficilement être niée et conditionne largement l'organisation des sociétés humaines, ainsi que des protosociétés animales. Mais les sociétés humaines se sont différenciées des sociétés animales en se diversifiant quant à leurs façons, par la culture, d'organiser les rôles dans la filiation. En particulier, la plupart des sociétés se sont organisées sur des modèles de patriarcat, de façon telle que le privilège féminin naturel dans la filiation a été plus que compensé par une domination masculine sociale et juridique plus ou moins étendue, le plus souvent totale. Nous avons vu que l'un des bouleversements de civilisation qu'a connus le XXe siècle a consisté précisément en une libération des femmes déjà bien engagée par rapport à cette situation, au moins dans les sociétés ouvertes et économiquement développées. Cette libération a bénéficié largement de la séparation entre procréation et sexualité. Elle fut rendue possible par une intrusion biomédicale de plus en plus poussée dans ces domaines autrefois réservés à la vie privée et à sa régulation par les mœurs et le droit. Mais l'achèvement de cette séparation dans l'ectogenèse aura des conséquences anthropologiques majeures, sans commune mesure avec tout ce que l'on a pu connaître jusqu'ici. Car c'est la différence des sexes et leur asymétrie immémoriale dans la fonction de procréation qui disparaîtra, dès lors que les hommes et les femmes seront égaux devant les contraintes qu'impose la reproduction de l'espèce. Pour s'en rendre compte, il suffit de rappeler les débuts, d'abord mythiques puis historiques et juridiques, de cette longue histoire des rivalités entre pères et mères dans la recherche du pouvoir par la mainmise sur les futurs adultes.

Une fois de plus, les plus vieux mythes de l'humanité peuvent éclairer nos problèmes. On a pu penser que tout a commencé il y a quelques dizaines de milliers d'années, avant que le coït ait été reconnu comme déterminant dans la survenue, quelque temps plus tard, d'une grossesse puis d'une naissance. Alors, seules les mères existaient : elles donnaient seules la vie, qu'elles nourrissaient ensuite par leur lait, à l'image de la Terre mère et nourricière d'où était censée provenir toute vie. Elles avaient pu, certes, être imprégnées par quelque animal qu'elles avaient mangé ou un esprit qui les avait pénétrées. Mais les hommes étaient exclus du processus. Ils étaient, semble-t-il, au service de ces familles ou clans matriarcaux pour leur permettre de subsister et de se défendre.

Sur le plan des représentations symboliques, cela se traduisait par le rôle très largement dominant pendant longtemps des figures féminines de la divinité. Bien avant Dieu le Père, la divinité suprême était la déesse mère, souvent représentée sous les traits d'une vache sauvage, à la fois féconde et nourricière, parfois même sous la forme d'une vache à tête de femme ou, inversement, de femme à tête de vache[32]. La découverte du rôle de la sexualité dans la procréation et, par là, celle de la paternité auraient été à l'origine de la transformation progressive en patriarcat de pratiquement toutes les sociétés.

Cette transformation a fini par instituer une domination totale des hommes – de la « société » – sur le corps des femmes, considéré comme la matrice des hommes futurs (ou de futures matrices). La femme, réceptacle passif de la semence masculine, seule active et formatrice encore chez Aristote, est devenue simple moyen, plus ou moins sublimé par la religion, au service de la reproduction des hommes par les hommes.

Mais cela ne se fit pas du jour au lendemain, ni partout de la même façon et en même temps, ni sans luttes probablement féroces, dont certains récits mythologiques véhiculent peut-être des traces.

Il n'est pas difficile de voir dans les combats féministes du XXe siècle un relais de ces luttes, dans le contexte nouveau rendu possible par l'industrialisation d'abord, puis la saignée masculine de la Première Guerre mondiale, enfin les technologies domestiques et biomédicales. Mais, comme nous le verrons, l'intrusion biomédicale dans la procréation n'a pas encore, en toutes circonstances, que des effets libérateurs sur les femmes. Elle a pu être ressentie au contraire comme la poursuite de la domination et de l'utilisation de leurs corps par le pouvoir médical et obstétrical, lui-même masculin, et au service, consciemment ou inconsciemment, de la société des hommes.

Retournant aux origines, on ne peut qu'être frappé par l'histoire agitée de l'institution familiale chez les nouveaux dieux de l'Olympe, succédant aux anciens tels que Cronos et Gaïa. Le mariage semble d'abord instituer la paix, ou au moins une trêve, dans la guerre des sexes pour la domination de la procréation et l'accaparement des enfants. Héra est épouse légitime de Zeus. C'est elle qui préside au rituel des épousailles par lesquelles se fondent les familles, unités de reproduction de la société où l'homme et la femme coopèrent, harmonieusement en apparence, dans la création et l'élevage des enfants. Mais, très vite, la trêve est rompue. La guerre reprend, plus féroce que jamais. Il semble que la reconnaissance du rôle de la paternité dans la procréation n'ait pas satisfait le désir d'égalité des hommes. Car en effet l'asymétrie était loin d'être supprimée pour autant. À la continuité entre grossesse et accouchement, avec la certitude de maternité qu'elle comporte, s'opposent la discontinuité et la multiplicité des interventions masculines susceptibles d'être fécondantes, avec l'incertitude permanente sur la « vraie » paternité. Cette asymétrie, peut-être déjà frustrante en elle-même, fut à coup sûr une source de ressentiment et de frustration encore plus grande chez les hommes – et les dieux mâles – par l'idée que leur semence leur était ainsi *volée*.

Zeus ne tarde pas à renverser la situation en trouvant le moyen d'enfanter tout seul, Dieu-Père sans mère, prenant ainsi la place de la déesse primitive, mère sans père. Ayant avalé Métis, la Ruse, Zeus fait sortir Athéna tout armée directement de son cerveau. La guerre des sexes pour l'exclusivité de l'enfantement est repartie. Héra se venge. Elle cherche au bout du monde et trouve les plantes qui lui permettent à son tour d'enfanter toute seule. Avec l'aide des anciennes divinités, Cronos-Temps et surtout Gaïa-Terre, en sortent successivement Arès dieu de la guerre, Hébé Jouvence, Héphaïstos dieu des forgerons, et Typhon. Zeus récidive en faisant sortir Dionysos de sa cuisse. Et la guerre continuera de plus belle, transposée aux mortels cette fois, jusqu'à ce que l'institution du mariage grec soit ritualisée et stabilisée. Mais, avant d'en arriver là, il faudra en passer par le sommet de violence que constitue l'égorgement par les cinquante Danaïdes, dans la chambre nuptiale, de leurs jeunes maris à peine épousés. Il faut dire que ceux-ci s'étaient auparavant rués sur les filles de Danaos, prétendant les prendre de force et les soumettre à leur désir, suivant les pratiques d'enlèvement et de viol, habituelles dans le contexte cynégétique qui était aussi celui des Danaïdes, elles-mêmes grandes chasseresses. Filles du roi d'Argos, elles sont en général plus connues pour leur fameux tonneau et, plus généralement, pour leur caractère « hydrophore ». Celui-ci s'exprime dans les aventures qui leur permirent d'apporter l'eau nécessaire à l'institution de leur cité, dévastée, par une sécheresse provoquée par Poséidon, en représailles de l'imposition sur la ville de la divinité d'Héra elle-même.

Ces aventures s'inscrivent en fait dans le contexte de guerre des sexes et de réconciliation par la reconnaissance d'un partenariat et d'une certaine égalité de droits dans le lit conjugal, tant pour les Olympiens Héra et Zeus que pour les mortels d'Argos et de toute la Grèce. Les filles de Danaos, devenues prêtresses d'Héra, garante de la légitimité conjugale, seront celles-là mêmes qui, hydrophores dans le rituel, verseront l'eau pure du mariage. Mais elles institueront aussi le rituel étrange des Thesmophories qui réunit les épouses, *eugenies*, entre elles pendant trois jours, sacrifiant à Déméter dans une enceinte strictement interdite aux hommes. Marcel Detienne voit dans ce rituel la (re)constitution d'une autonomie féminine politique érigée en « gynécocratie reconnue et redoutée ». Car « resurgissent alors dans la mémoire de la cité, et du plus profond de l'alliance conclue entre l'homme et la femme, la violence et le meurtre inoubliables des filles de Danaos. En instituant les Thesmophories des épouses très légitimes avec le rituel d'angoisse qui en est l'ombre interne, les Danaïdes révèlent que, si le contrat social du mariage peut exorciser le sang et la guerre entre les plus proches ou les plus semblables, le chiffre de l'union entre la femme et l'homme est la violence, que la violence est à jamais fondatrice[33] ».

Tout cela conduira, au moins superficiellement, à l'institution du mariage, établissant une certaine égalité dans son enceinte, avec notamment, au départ, le droit des femmes d'accepter ou de refuser le mari.

Pourtant, si la violence physique est en principe conjurée, il semble bien que la guerre ait été finalement gagnée par les mâles dans l'institution même du mariage. Le pouvoir des épouses-mères est circonscrit à l'intérieur du gynécée, tandis que celui des hommes s'exerce sur l'*agora* et sur les champs de bataille. Plus, la jouissance sexuelle en est éloignée. Le rôle privilégié des femmes dans l'enfantement n'est plus contesté, mais celles-ci se voient *enfermées* dans ce rôle. Les hommes continuent, eux, à rechercher la jouissance entre eux et avec des courtisanes et prostituées, éventuellement sacrées.

En même temps, c'est la semence masculine qui, dans les discours savants et religieux, est présentée de plus en plus comme active, créatrice, seule porteuse de forme, la femme n'étant que réceptacle passif, dont la semence ne fournit que la matière informe. Le taureau est associé à la vache et parfois la remplace comme symbole de fécondité. Et les dieux de l'Olympe ne sont pas en reste. Zeus se transforme en taureau pour séduire Europe. En sortira le roi Minos dont la femme Pasiphaé est engrossée à son tour par un taureau sacré et donne naissance au Minotaure. Cette origine mythologique de l'Europe devrait donner à réfléchir à propos de son identité culturelle au moins autant que son caractère chrétien. Car la boucle avec la modernité européenne est fermée : nous y retrouvons notre Dédale technicien et biologiste tel que le voyait Haldane à l'aube de la génétique actuelle.

Mais, entre-temps, deux à trois mille ans ont consolidé le mariage patriarcal et les structures familiales qui l'ont accompagné, et pas seulement en Grèce. Presque tous les systèmes de parenté, même les plus compliqués, que les ethnologues ont découvert un peu partout, ont établi cette sorte de partenariat du masculin et du féminin, avec partage des tâches intégrant l'asymétrie de la grossesse et de l'accouchement, mais la retournant en domination et contrôle plus ou moins étroit du corps des femmes par les hommes.

Un des exemples de domination masculine la plus cadenassée est fourni par le droit romain, dont on connaît l'influence sur l'organisation de la famille en Europe chrétienne jusqu'à nos jours. On en trouve évidemment bien d'autres exemples, sous d'autres latitudes et encadrés par d'autres religions. Mais ces sociétés, contrairement à celles de l'Occident chrétien, ne se sont pratiquement pas encore, ou fort peu, engagées sur la voie d'un *aggiornamento*, qui est en fait une reprise de la guerre des sexes, « rébellion » féminine, rendue possible par la modernité industrielle et biomédicale. Dans l'ancienne Rome, le droit avait créé une filiation paternelle exclusive, presque totalement dissociée de l'enracinement naturel de la maternité dans la grossesse et l'accouchement. Le fœtus déjà formé était appelé *partus*, prêt à être accouché d'une femme *définie* par cette fonction de *parturiente*. Mais, à côté de cette réalité obstétricale naturelle, était créée une réalité (ou fiction) juridique désignant tout embryon contenu dans l'utérus d'une femme enceinte, futur enfant et héritier éventuel d'un *pater familias*. Curieusement, mais de façon très significative, ce fils potentiel du père est désigné du nom de *venter*, ventre ou matrice. Non seulement la femme enceinte est réduite au rôle de matrice dans une lignée qui n'est juridiquement que paternelle, mais cette matrice est elle-même assimilée à son contenu, qui occupe en fait sa place de futur fils et héritier du père. Fondamentalement, avant même d'être né, le « ventre » a une existence juridique autonome par rapport au corps maternel. Yan Thomas résume excellemment cette situation en citant Tacite et Aulu-Gelle : « À la nature de la mère, les juristes opposent la nature de l'enfant à naître. Celui-ci est dans la mouvance du père, lequel relève de l'État : "Tout doit être mis en œuvre pour que l'enfant (*partus*) voie le jour. Le ventre doit être nourri. Si ce n'est pour son père [dans le cas où celui-ci est mort], que ce soit au moins pour l'État, qu'il accroît par sa naissance." Pour le père, pour l'État. Dans ce relais attributif, l'essentiel est dit de l'économie du mariage romain, et du rôle de la femme dans le mariage. Dépourvue de fonction civique, elle ne procrée pas directement pour la cité. Elle donne des enfants à son mari, père pour la cité [34]. »

À la question que nous posions, « De qui est-ce l'affaire de faire naître un enfant, des parents, de la société ou de l'enfant à naître ? », on voit ce que répond ce droit patriarcal extrême : « C'est l'affaire de la cité par l'intermédiaire du père. » C'est aussi secondairement celle de l'enfant à naître, *à condition* que le père décide à la naissance de l'accepter et de l'élever, et non de l'« exposer », c'est-à-dire de l'abandonner à la mort. Mais, de toute façon, la femme dont le ventre contient le « ventre » est éliminée en tant qu'autre chose que ce « ventre » qui n'est pas elle !

La guerre des sexes était terminée, définitivement semblait-il, par l'écrasement total de la femme et de la maternité au profit de la paternité. La société patriarcale sous des formes diverses, monogames ou polygames, établit un peu partout le même renversement du pouvoir féminin que la nature avait institué sur la procréation en une domination sociale, religieuse et juridique du masculin et de la paternité. Citons l'usage des « couvades » sous d'autres cieux[35].

Il fallut attendre la fin du XIXe siècle et surtout le XXe siècle pour que les mouvements féministes entreprennent une mise en question sérieuse et relativement efficace de cet ordre séculaire. Auparavant, quelques tentatives de révolte avaient été sans lendemain. Dans l'ancienne Rome, déjà, il semble que la domination masculine devait prévenir la menace que représentaient les avortements et la grève des grossesses. Les premiers étaient socialement disqualifiés comme agressions des femmes contre elles-mêmes. Quant à la seconde, elle a pu servir de moyen de pression, d'ailleurs associée aux avortements, pour obtenir l'annulation d'une décision des sénateurs interdisant aux femmes l'usage de voitures à roues[36] !

Mais rien de tout cela ne pouvait menacer l'ordre établi. Il est remarquable qu'une révolte plus récente, en Europe, elle aussi avortée [*sic*], ait été favorisée par la libération des tâches maternelles (allaitement et soins des enfants) chez des femmes socialement et économiquement nanties, préfigurant d'une certaine façon les mouvements du XXe siècle, et plus encore ce que nous réserve l'utérus artificiel pour le XXIe siècle. En effet, pour Élisabeth Badinter[37], le mouvement des Précieuses, aux XVIIe et XVIIIe siècles, a représenté la première contestation radicale du rôle social, conjugal et maternel des femmes dans l'ordre patriarcal et, de ce fait, la première crise des représentations masculines qui l'accompagnaient.

Cette contestation fut rendue possible essentiellement chez celles qui avaient les moyens d'éviter, autant que c'était alors possible, les obligations de la maternité, en confiant leurs enfants dès leur naissance à des nourrices, le plus souvent à la campagne. Il en résulta une revendication pour un modèle de masculinité féminisée, révolutionnaire du point de vue de l'aspiration à l'égalité qu'il impliquait : « Contre l'autoritarisme du père et du mari, les Précieuses sont résolument hostiles au mariage arrangé et à la maternité. Elles préconisent le mariage à l'essai et sa rupture après la naissance de l'héritier, remis à la garde de son père. Ne voulant renoncer à aucune liberté ni à l'amour, elles prônent le sentiment tendre et platonique. "Je veux, disait Mlle de Scudéry, un amant sans mari, et je veux un amant qui, se contentant de la possession de mon cœur, m'aime jusqu'à la mort." Soit la situation inverse des liens coutumiers entre l'homme et la femme qui se mariaient sans amour. Aux yeux des Précieuses, l'amour est d'abord celui de l'homme pour la femme et non le contraire. En exigeant de l'homme amoureux une soumission sans limites, proche du masochisme, elles renversent le modèle masculin dominant, celui de l'homme brutal et exigeant, ou du mari grossier qui se croit tout permis[38]. » Mais, en même temps, cette revendication n'était pas dénuée d'ambivalence en ce qu'elle abandonnait au père, encore plus qu'auparavant, la responsabilité exclusive de la garde et de l'élevage des enfants. En se libérant des obligations de la maternité, ces femmes abandonnaient aussi ce qui restait de pouvoir maternel, parachevant en quelque sorte la conquête du pouvoir sur la reproduction par les pères. Nous retrouverons la même ambivalence dans les mouvements féministes du XXe siècle, amplifiée par la médicalisation de la procréation, et nous devons nous attendre avec l'utérus artificiel à une tension encore plus grande entre libération des femmes et abandon du pouvoir maternel.

L'évolution des mœurs amorcée dans l'aristocratie de l'Ancien Régime fut arrêtée par la Révolution. Plus d'un siècle et demi plus tard, les mouvements féministes sont repartis de plus belle, dans un contexte différent, et l'on voit mal ce qui pourra les arrêter. Il existe plusieurs courants, parfois opposés, dans le féminisme actuel, largement analysés par les *women's studies* et que nous ne reprendrons pas ici [39]. Mais que l'accent soit mis sur les différences biologiques entre les *sexes* ou sur la construction socioculturelle des *genres* masculin-féminin, la fin de la domination masculine semble devoir s'accompagner à la fois d'un plus et d'un moins pour les femmes. Le « plus » est l'égalité sociale, culturelle et politique dans l'accès au savoir, au pouvoir et à la jouissance sexuelle. Le « moins » est la perte d'une certaine identité féminine traditionnellement construite autour du pouvoir maternel, retourné en domination masculine par son encadrement dans le mariage et la famille. Le « moins » atteint d'ailleurs en même temps et peut-être encore plus l'identité masculine qui s'était construite sur ce renversement des pouvoirs. De façon schématique, on peut dire que l'enjeu des luttes féministes pour l'égalité, encore loin d'être achevées, est d'atteindre le « plus » en diminuant autant que possible le « moins » ; et pour cela, créer des identités féminines et masculines nouvelles dégagées des stéréotypes traditionnels. Une véritable expérimentation sociale et affective est déjà très engagée, dans cette œuvre de création et d'autofaçonnage. Mais ce sont les conditions mêmes de cette création qui seront bouleversées par l'utérus artificiel. Élisabeth Badinter terminait son livre en 1986 en évoquant ce qui lui semblait devoir rester invariant dans les constructions nouvelles du féminin et du masculin : « Tant que les femmes accoucheront des hommes, et que XY se développera au sein de XX, il sera toujours un peu plus long et un peu plus difficile de faire un homme qu'une femme. Pour s'en convaincre, il suffit d'imaginer l'hypothèse inverse : si les femmes naissaient d'un ventre masculin, qu'en serait-il du destin féminin ? Quand les hommes prirent conscience de ce désavantage, ils créèrent un palliatif culturel de grande envergure : le système patriarcal. Aujourd'hui, contraints de dire adieu au patriarche, ils doivent réinventer le père et la virilité qui s'ensuit. Les femmes, qui observent ces mutants avec tendresse, retiennent leur souffle[40]... »

Or c'est précisément cela qui changera aussi avec l'utérus artificiel : les femmes n'accoucheront plus des hommes, ni des femmes d'ailleurs. Le bouleversement des identités masculines-féminines et des relations entre les genres qui en résultera s'inscrira bien en continuité avec les mouvements de libération des femmes du XXe siècle ; mais il constituera en même temps une rupture décisive, et pour cela difficile à imaginer, à l'intérieur de cette continuité. Comme nous le verrons, il faudra nous risquer à des jeux d'imagination prospective plutôt qu'à des *gender studies*, pour tenter de se représenter cet avenir, ou plutôt ces avenirs possibles pour les hommes et les femmes.

X

La « mère machine »

Déjà en 1985, Gena Corea, aux États-Unis, avait prévu la progression continue, liée à la médicalisation de la procréation, qui devait mener de l'insémination artificielle et la fécondation *in vitro* à l'utérus artificiel et au clonage. Dans un livre très documenté et décapant[41], elle dénonçait l'exploitation ancestrale des femmes comme « mères machines », vouées à reproduire l'espèce ou la société *pour les pères*, suivant le schéma patriarcal classique. Mais sa cible principale, constituée par ceux qu'elle appelait les « pharmacrates », était le pouvoir biomédical en ce qu'il renouvelait au XXe siècle de façon radicale, par les techniques de procréation, les moyens de cette exploitation.

Le rôle parfois pathogène – on pourrait dire iatrogène – des procréations hypermédicalisées a été souligné plusieurs fois, par exemple déjà en 1983 par Geneviève Delaisi de Parseval et Alain

Janaud[42]. Mais Gena Corea inscrivait son réquisitoire dans la continuité d'une dénonciation de la domination masculine et de la dépossession des femmes de leur pouvoir sur la reproduction, renouvelées et amplifiées par l'habileté des « pharmacrates ». Elle n'en était pas à son coup d'essai, puisqu'elle avait publié une enquête sur les retombées négatives des pratiques médicales, plus fréquentes et plus systématiques chez les femmes, au titre évocateur de *The Hidden Malpractice : How American Medicine Mistreats Women* (L'incurie cachée : comment la médecine américaine maltraite les femmes)[43].

De façon plus générale, son travail soutenait les mouvements féministes auxquels elle empruntait d'ailleurs une littérature abondante. Mais elle mettait l'accent sur la dénonciation des technologies de la reproduction en tant que nouveaux moyens d'appropriation masculine du pouvoir de procréation. C'est là que se trouvent l'intérêt et l'originalité de son livre, ainsi que ses limites, du fait même de la généralité de sa thèse et malgré la précision des exemples qui servent à sa démonstration. Disons d'emblée que celle-ci est convaincante sur plus d'un point. Elle rappelle comment la médicalisation des accouchements, passés des mains des sages-femmes à celles des médecins-obstétriciens, s'accompagna de quelques hécatombes de parturientes mortes de fièvres puerpérales, du fait d'infections transmises par des médecins à partir de cadavres dont ils avaient fait l'autopsie. C'était au XIXe siècle, avant que le rôle des microbes n'eût été reconnu et que les pratiques de stérilisation, au minimum le lavage des mains, se fussent généralisées. Mais cela n'est que le début d'une longue histoire d'interventions médicales, certes pavées de bonnes intentions, mais où les corps de femme furent plus que de raison sacrifiés sur l'autel de la procréation. Les drames du Distilbène, en plein XXe siècle, censé prévenir les avortements spontanés mais à l'origine de cancers du vagin et des ovaires chez les filles nées à la suite de ces traitements, en sont un autre exemple, aujourd'hui bien connu et documenté[44].

Devant l'accumulation des exemples, parfois moins connus, on ne peut pas se contenter d'invoquer la fatalité d'accidents médico-chirurgicaux, car il est difficile de trouver autant d'équivalents dont les corps des hommes auraient été victimes. En outre, les commentaires de médecins justifiant leurs pratiques, pleins de bonne conscience et d'ailleurs repris par les femmes médecins qui les adoptaient tout naturellement, sont souvent très éclairants sur cette idéologie d'autant plus puissante qu'elle était, et est encore, largement inconsciente. Le traitement de l'infertilité – y compris celle des hommes, longtemps occultée – sert de justification à des pratiques difficilement acceptables, voire déontologiquement interdites dans d'autres domaines de la médecine. Pour l'auteur de *The Mother Machine*, la procréation humaine envahie par les techniques de reproduction n'est qu'une prolongation de la maîtrise de la reproduction animale par l'« industrie de la vache ». Du statut de représentation de la déesse mère primitive, la vache est devenue mère machine, objet d'exploitation pour son lait et d'expérimentation procréatique industrielle. L'« industrie de la femme » lui a succédé. Cette appréciation de la vache d'élevage et de la traite comme première désacralisation produite par la technique rappelle curieusement les remarques de Haldane que nous avons citées, bien que dans un contexte militant tout à l'opposé. Quoi qu'il en soit, il est remarquable que les techniques de fécondation *in vitro* développées plus récemment, où des spermatozoïdes pathologiques, parfois immatures, sont injectés localement dans des ovules, aient été appliquées sur des femmes sans expérimentation animale préalable, en violation de toutes les règles admises sur l'expérimentation humaine. Tout se passe comme si l'expérimentation procréatique sur les femmes pouvait se dispenser du respect habituel des règles de bonne pratique médicale. Cette observation tout de même étonnante s'ajoute à toutes celles accumulées par Gena Corea dans son livre, à l'appui de sa thèse sur la maltraitance médicale des femmes dans les techniques de reproduction.

C'est dans ce contexte que la « matrice artificielle » ou « ventre artificiel » (*artificial womb*) était annoncée, dès 1985, ainsi que le clonage, comme techniques de reproduction humaine inéluctables.

Mais cette thèse pèche pourtant par son caractère unilatéral et trop systématique. Rien n'est dit des intérêts, masculins ou féminins, que l'ectogenèse servira. Le clonage reproductif humain a pu être présenté comme l'élimination des hommes et de leurs spermatozoïdes des processus de procréation. Et pour sa défense le désir de femmes célibataires ou de couples de lesbiennes d'avoir des enfants biologiques *à elles seules* est souvent présenté comme une indication médicale légitime. Dans sa description des techniques de reproduction humaine déjà appliquées aux États-Unis – insémination artificielle, transferts d'embryons, fécondations *in vitro* de plus en plus commercialisées, mères de substitution offertes comme porteuses à des couples infertiles ou à des hommes célibataires, sélection du sexe, etc. –, Gena Corea ne s'arrête pas longtemps sur les effets libérateurs de certaines de ces techniques. L'insémination avec donneur (IAD) à ses débuts est pour elle une exception qui confirme la règle. Elle fut accueillie avec intérêt par les femmes qui voyaient là un moyen de procréer seules, tout au moins sans homme connu. Mais le pouvoir médical au service du patriarcat aurait très vite tenté de récupérer l'IAD en justifiant sa limitation à des contextes familiaux classiques. Or il se trouve que la France est l'un des rares pays où l'IAD est en effet interdite, comme la fécondation *in vitro* d'ailleurs, en dehors du « projet parental » de couples hétérosexuels stables. Dans la plupart des pays développés, et notamment aux États-Unis, lieu privilégié des observations de Gena Corea, l'IAD est couramment appliquée à la demande de femmes seules ou lesbiennes sans autre forme de procès. De même, les pilules, successivement contraceptive, abortive et du lendemain, sont passées sous silence alors que leur production industrielle est le résultat de performances techniques en biologie de la reproduction qui ont joué un rôle non négligeable dans les luttes féministes pour le droit à la contraception et à l'avortement.

Autrement dit, la démonstration de Gena Corea, pour convaincante qu'elle soit, pèche par son caractère dichotomique. Tout se passe à la limite comme si les mouvements féministes n'avaient pour objectif que de se réapproprier le pouvoir procréatif que les hommes avaient accaparé. À l'opposé, les technologies actuelles et futures de la reproduction ne seraient que des moyens au service du patriarcat pour déposséder les femmes de ce pouvoir de façon encore plus radicale. À l'appui de cette thèse, il n'est pas difficile de citer la littérature abondante, depuis l'Antiquité jusqu'à Freud, sur le caractère menaçant du « continent noir » du sexe féminin et de cette machine obscure où se forme l'embryon, à l'abri de tout regard, hors de tout contrôle. À cette littérature s'ajoute maintenant un florilège de déclarations plus récentes et plus précises de biologistes de la reproduction, parfois reprises par des « bioéthiciens », que Gena Corea ne se prive pas de citer aussi, sur les « bénéfices » futurs du ventre artificiel pour l'humanité : prévention des avortements, prévention des effets nocifs sur l'embryon de mères alcooliques, toxicomanes, tabagiques ou, simplement, de régimes alimentaires inadéquats ; plus généralement, contrôle et maîtrise des différentes étapes du développement de l'embryon et du fœtus, enfin exposées à l'observation des spécialistes et, éventuellement, à des interventions à visée thérapeutique, ou simplement d'« amélioration », génétique ou autre. Alors, les échographies intra-utérines que nous connaissons, les examens prénataux et l'état actuel de la médecine et de la chirurgie périnatale, apparaîtront comme une préhistoire, encore bien primitive, de ce contrôle biomédical tous azimuts que permettra l'ectogenèse. Alors, le pouvoir procréatif sera définitivement passé aux mains des « pharmacrates », eux-mêmes au service du patriarcat. Même si des femmes médecins et biologistes en font partie, même si des femmes sont « volontaires » – en fait conditionnées à signer des « consentements » dits « éclairés » – pour servir aux expérimentations nécessaires, elles ne font que renforcer la domination masculine sur la procréation et contribuer à la rendre définitive.

L'argumentation serrée de l'auteur de *The Mother Machine* et l'accumulation des témoignages sur les finalités explicites des technologies de la reproduction telles que les expriment certains acteurs, parfois éminents, de la révolution en cours, font de ce livre un document de grande valeur. Vingt ans après sa publication, l'actualité des débats qu'il institue reste intacte.

En fait, son défaut majeur, le caractère par trop unidirectionnel de son argumentation, peut être vu comme une qualité si on y reconnaît une incitation au débat, préparant une réflexion philosophique et politique à venir sur les moyens de prévenir les retombées délétères, voire barbares et inhumaines, de ces technologies. Son auteur semble d'ailleurs consciente du danger d'enfermer la résistance aux « pharmacrates » dans un féminisme qui serait lui-même exclusivement au service de la reconquête du pouvoir procréatif et du retour à l'ère de la déesse mère primitive, quand les hommes en étaient écartés. Elle appelle à développer une « philosophie de la naissance » que les philosophes (des hommes) ont jusque-là négligée. Savoir comment les nécessités vitales organisent nos représentations conscientes et inconscientes, cela a fait l'objet de travaux dont Marx, Freud et les philosophes de l'existence sont des aboutissements pour ce qui concerne, respectivement, la subsistance, la sexualité et la mort. Seule la conscience reproductive qui accompagne la naissance et l'élevage des enfants, avec ses modalités différentes, féminine continue et masculine discontinue, est restée comme un champ en friche, peut-être parce que ce fut le champ de bataille de la guerre immémoriale des sexes. Reprenant cette analyse à Mary O'Brien, théoricienne de cette guerre et de l'envie masculine d'utérus, Gena Corea prend pourtant quelque distance par rapport à une philosophie du pouvoir procréatif qui serait réduite à cette seule dimension. Elle s'appuie alors sur d'autres auteurs féministes, telles que Mary Daly, qui met en garde contre les théories sur l'envie d'utérus conduisant à une fixation fétichiste sur les organes reproducteurs des femmes, que ce soit pour les glorifier ou pour les écarter, aux dépens d'« une énergie créatrice féminine dans *toutes* ses dimensions[45] ». Elle rappelle aussi des remarques d'Elizabeth Fisher, auteur de *Women's Creation* (La création de la femme), sur la célébration des femmes comme mères ou nourricières qui les réduit en fait en esclavage, où le culte de leurs « pouvoirs naturels » met en danger leur humanité[46].

Mais, dans le livre de Gena Corea, ces réserves par rapport à une philosophie de la naissance par trop fixée sur l'envie d'utérus se cantonnent dans une note[47]. Au contraire, la ligne principale du livre enfonce le sillon toujours plus profond dans la même direction : celle d'un combat contre la dépossession du pouvoir créatif des femmes par les technologies de la reproduction. C'est dans ce contexte que le « ventre artificiel » apparaît, avec le clonage reproductif qu'il facilitera, et les « bordels reproductifs » qui renouvelleront le délire nazi des *Lebensborn* en plus efficace grâce à la technique, comme l'achèvement le plus complet de cette dépossession et un sommet encore jamais atteint dans la domination masculine et l'exploitation du corps des femmes.

Pourtant, les choses ne sont pas si simples, parce que, dans ce domaine comme dans d'autres, le pire n'est jamais sûr ! Et à trop vouloir enfoncer le clou de sa démonstration, *The Mother Machine* néglige tout ce qui ne va pas dans son sens, tant pour ce qui regarde les pratiques biomédicales que pour ce qu'il en est des revendications féministes. À une exception près que nous avons signalée, à propos de la recherche d'une philosophie de la naissance multidimensionnelle, l'auteur semble vouloir ignorer les orientations diverses, voire opposées, des différents courants du féminisme. Et elle ne voit pas, semble-t-il, l'ambivalence fondamentale de toutes les technologies, celles de la reproduction comprises, quant à leurs effets sociétaux. L'ambivalence de la technique est ici effacée et recouverte par sa condamnation pure et simple, sans appel.

Or c'est justement cette multiplicité des enjeux et des effets possibles qu'il est important de garder à l'esprit, si l'on veut se livrer à ce jeu risqué des extrapolations sur les performances biotechnologiques futures et sur leurs conséquences anthropologiques. De ce point de vue, l'estimation des retombées socioculturelles de la future ectogenèse constitue un double défi. D'une part, à côté des bénéfices proprement thérapeutiques que l'on peut imaginer, on ne peut pas ignorer les conséquences possibles sur les conditions de la naissance et de l'élevage des enfants, et leur démultiplication par l'effet facilitateur qu'elle aura sur d'autres pratiques éventuelles, telles que le clonage reproductif et les conditionnements de toutes sortes, génétiques ou autres. Cet aspect de la question a déjà été évoqué. D'autre part, elle met en jeu des revendications féministes contradictoires.

Le féminisme moderne s'est développé dans le cadre de l'individualisme des droits de l'homme, qui s'est imposé comme idéologie dominante des démocraties occidentales. Le courant *identitaire* revendique l'égalité des droits des femmes et des hommes sur la base de leur identité essentielle, les différences entre les genres étant socialement construites, suivant l'affirmation fondatrice de Simone de Beauvoir, « on ne naît pas femme, on le devient », complétée aujourd'hui par Élisabeth Badinter qui affirme qu'« on ne naît pas homme, on le devient ». Mais un courant *différencialiste* s'est développé de façon réactionnelle, sur la base de différences à la fois biologiques, où la maternité réelle ou potentielle joue un rôle déterminant, et psychologiques, à l'origine de caractéristiques morales proprement féminines. À la limite, celles-ci conféreraient une sorte de supériorité morale « naturelle », du fait du rapport plus immédiat à la nature et à la vie, dont la relation maternelle, surtout mère-fille, éventuellement relayée par la relation lesbienne, permettrait de faire l'expérience. Cette idéologie culmine dans une forme féministe de l'« écologie profonde », où la domination humaine sur la nature est dénoncée comme celle des hommes sur tout ce qui n'est pas eux, c'est-à-dire les femmes au même titre que les animaux et les arbres. D'où cette forme de féminisme, qui renouvelle dans la modernité l'ancienne guerre des sexes. Mais, à travers les oppositions de ces différents courants, il existe un dénominateur commun aux luttes féministes modernes, précisément enraciné dans le droit des femmes à disposer de leur corps. Pour Nancy Huston, cet enracinement joue le rôle d'une « conviction morale qui, pour n'être pas toujours explicite, n'en est pas moins exprimable. Cette conviction peut être formulée à peu près comme suit : toute fille et toute femme, quelle que soit son appartenance nationale, culturelle ou religieuse, doit être respectée dans son intégrité et considérée comme la propriétaire exclusive de son corps. Ce corps ne peut et ne doit, du seul fait de son appartenance au sexe féminin, être ni vendu, ni échangé, ni battu, ni mutilé, ni pénétré de force, ni obligé de porter un enfant[48] ».

Alors que les luttes pour l'égalité, notamment économique et politique, sont encore loin d'avoir atteint leurs objectifs, cette conviction très largement partagée constitue la force principale du féminisme, tous courants confondus. C'est pourquoi, dès que sa réalisation technique le permettra, il sera très difficile, sinon impossible, d'empêcher la diffusion des pratiques d'ectogenèse si elle s'inscrit, comme la contraception et l'avortement, dans une revendication de ce droit par celles qui voudront, pour quelque raison que ce soit, bénéficier de ces pratiques. Mais on voit bien comment cette revendication sera contradictoire avec la lutte pour la maîtrise maternelle-matricielle de la procréation et contre le pouvoir des pères relayé par celui des « pharmacrates ».

Il est donc probable que beaucoup de femmes ne voudront pas renoncer à cette maîtrise, que celle-ci soit réelle ou imaginaire d'ailleurs. Sans même entrer dans cette dynamique de guerre des sexes, et toujours au nom du droit individuel de chaque femme à disposer de son corps, beaucoup ne sont pas prêtes aujourd'hui à renoncer à porter des enfants et à les faire naître en accouchant. Loin de voir seulement des servitudes à éviter dans la grossesse et l'accouchement, elles y voient une bénédiction et un bonheur exceptionnel, un privilège par rapport à ceux et celles qui n'en font pas l'expérience. Mais si les sociétés de demain restent démocratiques et individualistes sur le modèle des sociétés occidentales actuelles – ce qui est loin d'être certain, par ailleurs –, on peut parier que les choses évolueront comme à propos de la contraception et de l'avortement, et aussi de l'allaitement : les femmes revendiqueront et obtiendront la liberté de choisir d'enfanter comme elles le voudront, en mobilisant leur corps dans ce but pendant neuf mois ou en faisant faire le travail par « leur utérus » artificiel. Il faut noter que, dans la seconde éventualité, leur corps sera encore mobilisé, peu de temps certes, mais assez pour qu'un ovule y soit prélevé par une petite intervention chirurgicale. Égalité entre les sexes encore imparfaite, donc, puisque le prélèvement de sperme chez les hommes leur épargne toute intervention de ce genre. À moins que, d'ici là, les techniques aient encore évolué, soit en rendant les prélèvements d'ovules de plus en plus faciles, soit même en s'en dispensant par la culture en laboratoire de stocks d'ovules identiques à ceux que chaque femme produit dans ses ovaires.

Quoi qu'il en soit, la revendication féministe de la seconde moitié du XXe siècle, « un enfant si je veux, quand je veux », sera complétée par « comme je veux », et la technique devra suivre, tant bien que mal. Car, comme on l'a vu, l'offre et la demande des nouvelles techniques de procréation se renforcent l'une l'autre. « Un enfant quand je veux » semblait découler normalement du « si je veux ». Mais la technique qui avait facilité et banalisé la contraception n'était pas – et n'est toujours pas – aussi efficace pour permettre d'enfanter à n'importe quel âge. D'où l'envol de la procréation médicalement assistée permettant aux femmes, qui auraient pu enfanter plus jeunes sans médicalisation, de le faire plus tard, éventuellement après avoir assuré leur carrière professionnelle.

Quand cette évolution aura atteint un nouveau palier avec la mise à disposition d'utérus artificiels, de nouvelles identités féminines et masculines émergeront nécessairement. Des rapports nouveaux, jamais vus nulle part, s'établiront entre celles et ceux que l'on continuera – peut-être – d'appeler hommes et femmes.

De quoi seront faits les genres masculin et féminin et leurs articulations, dans ce monde où l'asymétrie des sexes dans la reproduction aura disparu ? Le rôle des géniteurs, paternel et maternel, sera pratiquement le même, réduit à la fourniture de cellules en vue de fécondations ou d'autres modes de procréation dérivés des futures technologies de la reproduction. L'éventail des structures sociales et familiales inventées par les sociétés humaines est déjà très large, comme l'ont abondamment montré les recherches ethnologiques. Mais l'invariant de la reproduction sexuée et de l'asymétrie maternelle a constitué une contrainte de base, autour de laquelle des variations structurelles ont pu se décliner. Demain, cet invariant aura peut-être disparu. Alors, de façon apparemment paradoxale, l'hypermédicalisation de la procréation aboutira à débiologiser les rapports des parents, entre eux et avec leurs enfants. Continuant et achevant peut-être une transformation déjà commencée, la parenté sera de plus en plus sociale et de moins en moins biologique. C'est du moins un avenir possible pour les générations futures. Mais rien n'est définitivement joué. Il est en fait très difficile, sinon impossible, de prédire de quoi sera fait l'avenir de sociétés où la nature des genres et de leurs rapports aura été à ce point bouleversée.

Si l'on veut s'y risquer, c'est à des *gender prospectives* imaginaires qu'il faut se livrer, en remplacement des *gender studies* historiques et sociologiques contemporaines.

XI

L'utopie fraternelle

Comme en d'autres domaines concernant des futurs inouïs, la fiction et la mythologie ont souvent plus de chances de représenter la réalité que la simple extrapolation et amplification du présent. Un autre avantage du mythe est sa polysémie : la même histoire peut être interprétée de multiples façons, démultipliant encore plus les significations, bonnes ou mauvaises, des images que nous pouvons ainsi projeter sur l'avenir. C'est aussi le cas des mythes d'origine faisant intervenir des modes extraordinaires, plus ou moins « monstrueux », de reproduction. Nous avons vu par exemple que la naissance d'Athéna du cerveau de Zeus est en général comprise comme un épisode de la guerre des sexes pour l'exclusivité de la procréation. Mais ce n'est pas si simple, car, au contraire de Dionysos sorti de la cuisse divine, Athéna est féminine, avec en outre des caractères communément attribués aux mâles. C'est après avoir avalé la Ruse que Zeus l'a enfantée. Elle apparaît alors comme figure de la sagesse et de l'intelligence, qui inspirera et protégera Ulysse, roi sage, intelligent et rusé à la fois. Autrement dit, le féminin dans ce mythe n'est pas que réceptacle passif de la semence masculine, matière informe animée par la forme contenue dans le sperme comme l'affirmera Aristote.

De même, le mythe biblique d'Adam et Ève est souvent compris comme l'installation du patriarcat, ce qu'il est en effet aussi, mais en tant que *malédiction* pour l'un et pour l'autre sexe, après l'expulsion d'Éden : enfanter dans la douleur et être dominée par l'homme pour Ève, travailler à la sueur de son front pour Adam. Ce qui précède est par contre un état « édénique », où ce qui doit arriver arrive sans douleur, y compris la rencontre d'Adam et Ève qui *se reconnaissent* l'un l'autre après avoir été séparés. Certains voient dans la création de la femme à partir d'une côte d'Adam une autre expression de la rivalité procréatrice des sexes, où c'est l'homme qui donne naissance tout seul à la femme, comme Zeus à Athéna, même si la femme, Ève, est ensuite « mère de tout vivant ». Des légendes sur une femme primordiale, Lilith, rivale d'Adam, nocturne et démoniaque, qui aurait précédé Ève avant de se transformer en épouse de Satan, donnent quelque consistance à cette interprétation. Mais celle-ci est sérieusement ébranlée quand on réalise que le mot hébreu désignant la *côte* peut aussi être traduit par *côté*, et que cela s'accorde avec l'image androgyne d'Adam, « mâle et femelle » à l'origine, que donne le premier chapitre de la Genèse. Pour la tradition kabbaliste, la création de la femme dans le deuxième chapitre, loin d'être une extraction hors de l'homme, est une séparation de la bisexualité originelle en vue de sa réunion future : le mâle et la femelle, réunis dos à dos dans l'androgyne initial, sont séparés pour pouvoir se retourner et se rencontrer de face. Dans la typologie kabbaliste, les figures du « père et de la mère d'en haut », dont l'union est permanente, telle que l'un ne peut pas se tenir séparé de l'autre, sont des représentations sexuées de ces deux aspects complémentaires d'une connaissance vivante et unifiée que sont, respectivement, la sagesse-père et l'intelligence-mère.

Pour certains bioéthiciens, comme Abel Fletcher, la nouvelle biologie retrouverait l'artifice des naissances sans mère et des mères masculines du jardin d'Éden qu'évoque la Genèse avant la chute. Dieu le Père forma Adam artificiellement, jouant le rôle de mère, à partir de la poussière. « Ensuite Adam fut mère à nouveau, donnant naissance à Ève, tandis que Dieu servait d'obstétricien[49]. » Plus tard, la naissance du fils Jésus à partir de Dieu le Père sans accouplement est vue par une autre bioéthicienne, Janine Raymond, comme un « mythe patriarcal de base[50] », la monoparentalité du père. On pourrait objecter que le rôle de Marie, à la fois mère et vierge, donne au contraire l'image d'une monoparentalité exclusivement féminine, mais la figure de Jésus, fils de Dieu le Père, la déposséderait de cette maternité et jouerait ainsi son rôle de refondation du patriarcat.

Il est indéniable qu'on trouve dans les mythes d'origine des images de cette rivalité archaïque que les organisations patriarcales auraient résolue en renversant les rapports de pouvoirs entre les sexes. Mais on peut y voir aussi une nostalgie ou une préfiguration d'une paix amicale et fraternelle, dégagée de cette lutte pour la procréation, dans laquelle les unes et les autres auraient tout à gagner. L'épisode des filles de Danaos, à l'origine du mariage grec, montre à quel point les hommes, et pas seulement les femmes, sont aussi perdants dans cette guerre perpétuelle pour la maîtrise de la reproduction, même quand elle semble jugulée par l'institution. Une légende talmudique présente cette nostalgie – préfiguration d'une égalité amicale – sur le mode d'une parabole de diminution de la Lune.

La faute d'Adam et Ève aurait été précédée et même anticipée sous la forme d'une faute cosmique, dont l'auteur n'était personne d'autre que le Créateur lui-même. La Lune, initialement égale au Soleil, fut diminuée, sans autre raison que c'était elle qui avait compris, à juste titre, que « deux rois ne peuvent pas se trouver sous une même couronne ». Cette diminution aurait été rappelée à chaque nouvelle lune par le rite biblique d'un sacrifice d'expiation, que l'interprétation rapporte à la faute du Créateur.

Pour un biologiste contemporain, Lee Silver, le futur de l'humanité, tel que le font prévoir les technologies de la reproduction associées à celles du gène, est celui d'une reconstruction de l'Éden, suivant le titre de son livre *Remaking Eden*[51]. L'utilisation de ces techniques dans un avenir plus ou moins lointain est pour lui inévitable, en particulier dans une société dominée par l'individualisme et les lois du marché comme l'est celle des États-Unis d'Amérique. Il s'essaie à en prédire les effets à différentes échéances, 2010, 2050 et 2350 !

À cette date, l'humanité aura été divisée en deux classes d'individus dits « naturels » et « génétiquement enrichis ». Ces deux classes semblent d'ailleurs sur le chemin d'une séparation en deux espèces différentes, en ce que les unions mixtes sont déjà moins fertiles que les unions dans la même classe. Devant les limites actuellement reconnues au réductionnisme génétique qui imprègne encore ce livre, on peut être sceptique sur les possibilités techniques d'« enrichissement du génome », produisant des enfants à la carte, avec planification de toutes sortes de propriétés physiques et intellectuelles. Mais un délai de trois cent cinquante ans est suffisant pour permettre d'imaginer ce qui aujourd'hui semble techniquement impossible. Le recours au mythe facilite une fois de plus ces représentations imaginaires d'un avenir façonné par les biotechnologies. Mais, pour Silver, l'utérus artificiel n'est pas l'essentiel, car il considère les obstacles à sa réalisation technique comme beaucoup plus difficiles à surmonter, même à longue échéance, que celles du bébé à la demande, génétiquement programmé par les parents qui pourront se le payer. La dimension mythique est ici amplifiée par le fétichisme du gène. Comme on l'a vu, on peut ne pas partager cette opinion. Seul l'avenir dira, probablement quand nous ne serons plus là, lesquelles de ces techniques seront développées et diffusées les premières. On ne peut d'ailleurs pas éliminer l'éventualité qu'aucune d'entre elles ne le soit, pour des raisons diverses, tant pratiques que sociales.

Après tout, c'est le rôle des prophètes de malheur, comme on le sait depuis Jérémie, de voir leurs prophéties démenties par les faits, dans la mesure même où elles sont entendues comme catastrophiques et où tout est alors fait pour les éviter. Quoi qu'il en soit, les « reprogénéticiens », comme Silver les appelle, remplaceront pour lui l'activité créatrice de Dieu dans l'Éden, en ce qu'ils prendront le relais de l'Évolution et modifieront l'essence de l'espèce humaine. Mais, en cela, ils achèveront aussi la séparation entre procréation et sexualité déjà commencée par les technologies actuelles. C'est là qu'il voit aussi un remplacement de Dieu par les techniques de reproduction, reprenant un argument souvent avancé par le Vatican et d'autres Églises contre cette séparation, qui serait à la fois blasphématoire et antinaturelle.

Ainsi, d'une façon ou d'une autre, la plupart des lectures projectives du mythe biblique le rapprochent des nombreux récits mythiques de monoparentalité divine masculine qu'on trouve dans les traditions anciennes les plus diverses. Elles y voient surtout le caractère artificiel – ou miraculeux – de la naissance sans mère, à partir d'un dieu mâle, remplacé aujourd'hui par la technique. Mais on peut voir dans ce remplacement une dilution ou même la fin du pouvoir masculin sur la procréation. Au contraire, la revue de ces mythes que donne Gena Corea dans son ouvrage s'inscrit dans le cadre unidimensionnel de l'interprétation qui voit dans la technique une prise de relais pour une dépossession des femmes du pouvoir procréatif, encore plus définitive que la dépossession juridique et symbolique que leur ont fait subir les systèmes patriarcaux.

Comme nous l'avons suggéré, la projection sur le futur des mythes d'origine offre d'autres possibilités. Pour conclure, explorons-en brièvement quelques pistes.

Éden ou le cauchemar dépassé

De façon générale, on peut voir, dans l'imagerie de l'Éden d'avant la faute et des malheurs qui ont suivi, la nostalgie d'un âge d'or, où les douleurs, qui semblent aujourd'hui inhérentes à la condition humaine, n'auraient pas lieu d'être. Projetée sur le futur, on peut y voir l'annonce de liens affectifs et sociaux nouveaux. Les hommes, les femmes et les enfants seraient appelés à entretenir des relations nouvelles, entre eux et avec une nature transformée, éventuellement humanisée par les techniques.

Reprenons donc depuis le début.

L'espèce *Homo sapiens*, comme chaque espèce, a des caractères qui lui sont propres, *spécifiques*: station debout, opposition du pouce, gros cerveau, langage articulé réflexif, imagination projective et fabrication d'outils, c'est-à-dire art de la technique et des représentations.

Elle partage évidemment avec les autres espèces animales, notamment avec les mammifères, des caractères communs : métabolisme et biochimie du carbone, fonctions physiologiques de nutrition, excrétion, circulation, respiration, relations sensorielles et reproduction sexuée vivipare.

Mais ces caractères communs sont modulés par les effets des caractères propres. En particulier, la reproduction implique une longue période d'apprentissage et d'élevage des petits, due au phénomène particulier de néoténie, pendant laquelle les enfants sont totalement dépendants des adultes pour leur survie. En outre, la sexualité humaine naturelle est déjà partiellement séparée de la reproduction, en ce que, contrairement à celle des autres mammifères à l'exception de quelques primates, elle n'est pas limitée à des périodes particulières de rut, c'est-à-dire de fécondité. Enfin, elle est différente aussi en ce qu'elle implique le plus souvent un face-à-face. Mais surtout, l'art et les techniques de l'artificiel ont modifié profondément les conditions de vie et l'environnement de l'espèce humaine, au point que celle-ci se distingue de tous les autres existants naturels. Les arts du vêtement, du feu, de l'agriculture et de l'élevage, puis de la roue et de l'architecture, ont depuis longtemps intégré à la nature humaine des artifices de plus en plus élaborés, sans parler des arts de la guerre et de la sophistication de plus en plus grande des armes qui en est dérivée.

Ce bref rappel de ce que la culture et les arts sont constitutifs de la nature humaine montre que celle-ci est caractérisée par une évolution dite culturelle, différente de l'évolution biologique et beaucoup plus rapide. Autrement dit, l'hominisation d'*Homo sapiens*, qui est aussi humanisation, est au moins en partie une sortie progressive de l'animalité.

Pour ce qui concerne la reproduction sexuée, il n'est pas difficile de tracer les grandes étapes de ce processus et ce qu'elles nous ont laissé en héritage. Les pulsions hétérosexuelles, qui nous traversent et nous déterminent, ont assuré depuis les origines, et assurent encore, la reproduction de l'*espèce*. En ce domaine comme en d'autres, la liberté consiste à connaître nos déterminismes et à y acquiescer en les orientant. Mais à ce déterminisme strictement biologique se sont ajoutées les organisations familiales centrées sur l'éducation des enfants, qui ont assuré traditionnellement la reproduction de l'*ordre social*. Là aussi, la liberté consiste à connaître ces déterminations, avec leurs évolutions éventuelles, et à y acquiescer en les orientant. Cela est d'autant plus important actuellement que nous faisons l'expérience d'une ouverture sur un nombre grandissant d'options apparemment possibles, pour des formes différentes de sexualité et d'organisation familiale. Cette ouverture a déjà commencé depuis longtemps avec la séparation, propre à l'espèce humaine et à quelques primates, de la jouissance sexuelle d'avec la reproduction. Mais elle s'est accélérée depuis quelques siècles avec les ouvertures des sociétés les unes aux autres et les découvertes de structures familiales diverses. C'est dans ce contexte que se situe la dissociation de la reproduction d'avec la sexualité que les techniques actuelles et futures font entrevoir.

L'intrusion de la technologie dans la reproduction humaine peut ainsi être vue comme la continuation de cette évolution, avec sortie progressive de l'animalité. Loin d'être nécessairement porteuse de régression « antinaturelle », elle est peut-être porteuse d'une humanisation encore plus avancée. Éros séparé de la reproduction (et de la mort dans le même élan) pourrait se concentrer sur les expériences irremplaçables de rencontre d'autrui et d'ouverture sur le monde pluriel des états modifiés de conscience, « réalité séparée » qui a distingué dans le passé lointain le monde du sacré, avant que les religions instituées ne s'en emparent. En même temps, la reproduction de l'espèce et de l'ordre social serait assurée, par technique interposée, sans avoir à en passer par la guerre des sexes et l'oppression patriarcale. Le mythe biblique peut être utilisé dans une projection optimiste de cette sorte, sans que les perspectives catastrophistes habituelles puissent évidemment être éliminées. Rappelons en effet que le travail obstétrical des femmes, dans la douleur, associé à leur domination par les hommes, est présenté dans la Genèse, avec le travail pénible des hommes nécessaire à leur subsistance, comme la malédiction accompagnant leur expulsion d'Éden. Or la technique libère de plus en plus de la nécessité, pour seulement survivre, d'un travail long et pénible. En parallèle, la technique a libéré de plus en plus les femmes des douleurs de l'enfantement. Leur sortie en cours du joug de la domination masculine est aussi l'effet, comme on l'a vu, des techniques qui les ont libérées des contraintes des grossesses non désirées et des travaux domestiques les plus pénibles.

Cela veut dire que la technique libère les descendants d'Adam et Ève des effets de l'expulsion d'Éden. Cela veut dire aussi que l'on peut se représenter l'état d'avant l'expulsion, par contraste, comme une existence utopique, sans souffrance, d'amitié amoureuse entre l'un et l'autre et d'harmonie évolutive avec leur environnement. Comme on l'a vu, la naissance d'Ève sans mère représente alors la séparation, à l'intérieur de la bisexualité intrinsèque d'Adam, de figures dominantes, masculine et féminine, capables de se retourner sur elles-mêmes, de se regarder en face et de se réunir à nouveau dans une connaissance extatique. Leur rapport à la nature non humaine y est aussi différent. Ils sont dans un « jardin », planté d'arbres fruitiers, source d'une nourriture végétarienne sans violence animale. Ils ne sont pas là seulement pour y vivre de cueillette mais pour « le travailler et le garder » (Gn 2,15), ce qui implique deux choses. D'une part, le travail existe déjà dans l'Éden, mais sans douleur, avec plutôt le sens d'une activité « au service de » ce qui est travaillé. D'autre part, cette activité n'est pas que de conservation, elle est aussi transformatrice d'une nature reçue comme non achevée. En cela, l'homme-femme *Homo faber* est donné comme « associé au Créateur », suivant une expression talmudique, préfigurant ainsi toutes les transformations artificielles que la technique fera subir à la nature en l'humanisant. Notons que ce processus, que nous appelons aujourd'hui « évolution culturelle », concerne aussi dans le récit biblique une transformation de la nature humaine elle-même, suggérée par *deux* couples de mots hébreux pour masculin et féminin, associés à l'être humain. Dans le premier de ces couples, *adam*, « homme générique », a pour féminin *adamah*, « terre » ; tandis que, dans le deuxième, *ichah*, « femme », a pour masculin *ich*, « homme particulier », encore à venir par rapport à Adam. Tout se passe comme si la séparation du féminin et sa réunion avec le masculin restant s'inscrivaient dans une évolution, à partir d'une nature humaine terrienne, obscure, vers une nature (une surnature ?) humaine ignée, brûlant de la chaleur et de la lumière du « feu », *ech*. C'est ce que suggère de façon allusive la formation du couple sémantique *ich-ichah*, où se trouve inscrit un « feu divin », *ech yah*.

Dans ce système d'interprétations, même l'interdiction de manger des deux arbres « tabous », de vie et de connaissance, est comprise comme orientée par cette évolution future. L'interdiction serait provisoire et pédagogique, en attente de cette humanisation plus grande, qui permettrait une incorporation sans dommage de l'expérience de l'éternité dans l'« arbre de vie », ainsi que de la « connaissance » vraie intemporelle qui l'accompagne ; faute de quoi, celle-ci ne serait qu'approximative et ambivalente, bonne et mauvaise à la fois, « arbre de connaissance bon et mauvais ». La « faute » d'Adam et Ève, qu'ils n'auraient pas pu ne pas commettre, car inscrite dans leur nature, apparaît alors comme une inversion d'un ordre idéal des choses, où la maturation intellectuelle aurait dû précéder la maturité sexuelle ; au contraire de l'ordre naturel, où la puberté avec tous ses troubles survient bien avant un âge adulte « de raison », en principe éclairé par un intellect relativement développé. J'ai proposé ailleurs une analyse détaillée de ces interprétations traditionnelles du mythe biblique[52].

Mais après la chute, hors d'Éden, tout n'est pas perdu pour autant. Le processus d'humanisation et de sortie de l'animalité continue, avec en plus la nécessité d'une réparation de ce qui fut cassé. C'est pourquoi la libération, grâce à la technique, des nécessités économiques et sociales de l'esclavage, actuellement poursuivie par l'élimination progressive du travail pénible en général, va évidemment dans le sens de cette humanisation. Et pareillement, la libération des femmes de la forme d'esclavage dans laquelle elles étaient maintenues du fait des asymétries physiologiques de la reproduction et de la domination masculine qui en a résulté, va certainement elle aussi dans le même sens et nous rapproche de cette utopie édénique que le mythe nous fait concevoir. Dans ce mouvement, la rencontre sexuelle est valorisée pour elle-même, indépendamment de ses effets procréatifs éventuels, car c'est d'abord une réunion des deux parties d'un même soi, d'une même chair comme le dit la Genèse. « C'est pourquoi, un homme (*ich*) abandonnera son père et sa mère et collera à sa femme (*ichah*) et ils deviendront une seule chair » (Gn 2,24). La mention d'un père et d'une mère montre qu'il ne s'agit plus ici des premiers Adam et Ève, nés de la terre et de leur séparation, mais de tous ceux qui, plus tard, naîtront d'un homme et d'une femme. Alors tout se passe comme si l'événement fondateur extraordinaire de la séparation-réunion bisexuelle initiale imprimait son sceau à la sexualité « naturelle », quelle que soit par ailleurs son implication dans la reproduction de l'espèce, en lui faisant abandonner, ne serait-ce que pour un temps, le couple père-mère. Il est donc normal, dans ce contexte, que l'injonction biblique de « croître et multiplier » ne soit pas confondue, et soit en fait distincte dans le texte (Gn 1,28), de celle de se « coller ».

On voit donc, en prenant la distance que permet le mythe, que la dissociation achevée entre sexualité et procréation que laissent entrevoir les futures techniques n'implique pas en elle-même, nécessairement, le « meilleur des mondes » cauchemardesque d'Aldous Huxley. Il existe des scénarios plus optimistes, où la vie humaine, libérée des nécessités physiologiques et économiques douloureuses que lui a imposées sa nature, pourra développer au maximum les possibilités de jouissance esthétique et intellectuelle, de célébration, d'extase et de dépassement moral que lui offre cette même nature.

Mais le meilleur, pas plus que le pire, n'est jamais sûr. Certaines conditions devront être réunies pour que le rêve de retour à l'Éden ne se transforme pas en cauchemar d'une nouvelle chute dans la barbarie et la guerre de tous contre tous. Une condition minimale est de nature morale : une compassion « maternelle » désintéressée, un souci d'autrui et de justice devront imprégner les relations humaines, quelles que soient les formes d'organisation familiale, politique, économique, idéologique ou religieuse que prendront les sociétés futures. La « règle d'or » d'Hillel l'Ancien : « Ne fais pas à ton prochain ce que tu détesterais qu'il te fasse », devra être appliquée aux rapports entre générations. Avant de faire naître un enfant de telle ou telle façon, ne faudra-t-il pas se poser la question : « Aurais-je apprécié ou détesté être né de cette façon ? » Car le grand danger sera celui de l'hédonisme individualiste sans frein, rendu possible par l'association explosive des performances techniques et d'un libéralisme économique compétitif sauvage.

Économisme sauvage et chaos hédoniste ou dépassement d'Éros par Éros ?

En effet, dès lors que les fonctions de père et mère pourront être réduites au niveau microscopique de l'approvisionnement en cellules des laboratoires et des utérus artificiels, la question des enfants, de leur élevage et de leur éducation deviendra plus aiguë qu'elle ne l'a jamais été. La relation des géniteurs avec leur progéniture ne sera plus nécessairement la norme. N'étant plus imposée par la nécessité, physiologique pour la mère, sociale et juridique pour le père, elle devra être soit imposée, soit remplacée institutionnellement. Il faudra bien que des adultes assurent l'environnement affectif, puis ludique et intellectuel, indispensable à la croissance et au développement des enfants. À moins de tomber dans un conditionnement automatique tel que l'avait imaginé Huxley, ils devront d'une façon ou d'une autre être animés par quelque chose comme ce mélange d'amour et de sens du devoir, qui a caractérisé jusqu'à maintenant la cellule familiale sous toutes ses formes. Et cela devra exister dans un monde où, par ailleurs et de façon indépendante, Éros continuera d'animer et d'inspirer l'affectivité de ces mêmes adultes.

La longue période de maturation caractéristique de l'espèce humaine est à l'origine d'un décalage évident entre une maturité sexuelle précoce et une maturité intellectuelle et affective tardive, parfois même inexistante. C'est ce à quoi ferait allusion, comme on l'a vu, le tabou des arbres de vie et de connaissance dans le mythe d'Éden. Il en résulte une certaine coupure, plus ou moins bien colmatée par l'institution familiale, entre l'affectivité érotique et celle qui se développe dans la relation aux enfants. Dans une société à ectogenèse, cette coupure risque d'être accentuée et de conduire à la recherche quasi exclusive d'un plaisir plus ou moins égoïste par les adultes, aux dépens d'une affectivité parentale nécessairement altruiste, au moins en partie.

Les nouvelles identités féminine et masculine qui se cherchent actuellement, dans les sociétés développées encore dominées par l'économisme compétitif, sont déjà exposées à ce danger de chaos hédoniste. Mais elles ouvrent aussi de nouvelles avenues dans cette marche vers l'humanisation, qui augmentent peut-être les chances de dépassement d'Éros par Éros.

Le développement économique, là où il a décollé, a libéré les corps du travail asservi à la seule satisfaction des besoins vitaux. La libération sexuelle a commencé à libérer les femmes (et les hommes) des contraintes sociales du patriarcat et des puritanismes religieux. Mais l'activation du désir n'est pas encore la liberté. Elle peut être au contraire source d'aliénations intérieures encore plus grandes, tant il est difficile d'échapper à l'asservissement du désir par le désir. L'ectogenèse ne fera qu'accentuer encore plus la tension entre les termes de l'alternative : ou bien utopie totalitaire douce par conditionnement à une aliénation déguisée en bonheur, « meilleur des mondes » à la Huxley, ou bien utopie fraternelle d'hommes, de femmes et d'enfants, sinon libres, du moins en recherche active de vraie liberté, non seulement politique mais intérieure.

Il peut sembler paradoxal d'imaginer un nouvel amour fraternel pour une société d'où les familles traditionnelles auront peut-être disparu avec les fratries qui les caractérisaient. Et pourtant, dans cette éventualité, seule une ouverture d'Éros hors de la jouissance solitaire (même avec partenaire) refermée sur elle-même pourra dissoudre la tension entre attachement égoïste à la recherche du plaisir de recevoir et attachement altruiste à la recherche de celui de donner. Dans le cerveau humain comme dans celui d'autres espèces animales sont déjà organisées des structures neuronales et hormonales qui favorisent des affects opposés, tels qu'attachement fidèle ou détachement individualiste[53]. Cela peut être aussi une source d'optimisme… ou de pessimisme. C'est selon. Les différentes orientations potentielles contradictoires, plus ou moins altruistes ou individualistes, sont en général déjà là, « imprimées » dans les structures cérébrales. La dominance de l'une ou de l'autre dépend de l'activation relativement plus grande d'un circuit cérébral par rapport à un autre. L'équilibre peut être déplacé, dans un sens ou un autre, par des histoires et des environnements sociaux différents, par des événements fortuits… ou planifiés. Certains rongeurs sont connus pour être naturellement monogames, continuant d'être attachés en couple toute leur vie et élevant ensemble leurs petits. Des espèces voisines sont naturellement polygames, sous l'effet d'« hormones de l'attachement » qui assurent la dominance des circuits cérébraux correspondants[54] ! On peut être pessimiste en pensant aux utilisations possibles de ces mécanismes dans des programmes de conditionnement psychologique, chimique et/ou génétique. Mais on peut être optimiste en observant que ces déterminismes ne sont pas unidirectionnels. Des événements imprévus peuvent faire changer de route.

On le sait d'ailleurs depuis longtemps, même si les connaissances neurophysiologiques actuelles donnent à ce savoir des connotations nouvelles. Éros a une longue histoire de pulsions, d'affects, de sentiments, d'illuminations parfois conflictuelles, opposées les unes aux autres. En fait, l'expérience érotique offre les mêmes ambivalences que celles du sacré et des illuminations mystiques : ouverture sur des états de conscience élargis et sur ce que certains utilisateurs de plantes hallucinogènes dans des rituels amérindiens ont appelé l'« autre réalité » ; mais aussi danger de renfermement aliéné sur la répétition toxicomaniaque de l'ivresse, recherchée sans cesse pour elle-même et de moins en moins retrouvée. C'est un des aspects par lesquels le sexe humain a toujours été différent de celui de l'animal, du fait de sa symbolique et, souvent, de sa sacralité. Comme la mort et le vêtement, il est toujours ritualisé de quelque façon que ce soit. Son ouverture sur le sacré est loin d'être limitée à sa fonction reproductive. Depuis les prostituées sacrées de l'Antiquité jusqu'aux explorations érotiques des arts sacrés et à celles de l'art moderne, en passant par les célébrations du Cantique des Cantiques et à celles du tantrisme indien, on le retrouve sous toutes ses formes ; hétérosexuelle ou homosexuelle, masculine et féminine, avec chaque fois la tension de cette ambivalence : répétition des passages à l'acte où la frontière s'efface entre érotisme et pornographie, c'est-à-dire, étymologiquement, *pornéia*, prostitution marchande ; ou bien ouverture sur un amour d'autant plus profond qu'il est exclusif, dans le couple où la connaissance sexuelle proprement dite est socialisée par le rite. Cette sacralisation peut aller jusqu'à une amitié amoureuse, sublimée sans être désexualisée, dont un archétype fut proposé dans le *Banquet* de Platon comme l'amour « platonique » entre le philosophe et son disciple. On retrouve cette recherche de sublimation non désexualisée dans beaucoup d'autres traditions, notamment indienne, juive, musulmane. Pour ce qui concerne l'Inde et la Chine, on en trouve une célébration, entre autres, chez Alan Watts[55]. Comme le dit Rachi dans son commentaire sur les interdits sexuels bibliques, ponctués par un programme de sacralisation humaine répondant à un sacré divin : « Partout où il est question de "barrière de nudité" [c'est-à-dire d'interdits sexuels], il est question de sacré[56]. »

Un beau livre posthume du grand spécialiste de la Kabbale que fut Charles Mopsik, *Le Sexe des âmes*[57], montre comment certains auteurs de la tradition juive, renouant avec le mythe biblique – platonicien – de l'androgyne, ont élaboré une conception des identités humaines où la séparation n'est plus tranchée, et certainement pas essentielle, entre un sexe masculin et un sexe féminin : « Il n'est d'âme et par conséquent d'être humain au sens plein, que mâle et femelle en même temps. Le sexe est séparateur qui instaure une dissociation dévastatrice entre deux moitiés faites pour être unies. La sexualité comme désir d'union amoureuse est la tentative de surmonter les dégâts causés par cette dissociation primaire. [...] L'idée commune de l'existence d'une identité sexuelle substantielle attachée à chacun est repoussée au profit de la notion d'une identité comme figure du manque. Être homme ou femme c'est être ce qui manque à l'autre homme ou à l'autre femme. La différence anatomique ne fonde pas d'identité sexuelle, elle est l'inscription dans le corps des organes qui font défaut à l'autre, dont l'autre a besoin pour être un dans son corps, pour être lui-même grâce à moi. La différence psychologique ou caractérielle relève de la même logique : on ne diffère que par ce que l'on complète[58]. »

Le texte biblique canonique qui proclame l'unité divine : « Écoute Israël, [...] YHVH est un » (Deut 6,4), où la religion exotérique voit une profession de foi monothéiste, est rapporté dans ces écrits à l'union de principes divins, masculin et féminin, sur le modèle de la « chair une » qui caractérise l'unité humaine que produit la réunion de l'homme et de la femme après leur séparation dans Genèse 2,24[59]. Mopsik convoque dans son livre de nombreux textes, où s'exprime cet aspect peu connu de ce que l'on appelle, non sans malentendus, la « mystique » juive. Des problèmes d'infécondité de couples où les différences sexuelles sont brouillées, du fait, par exemple, de la réincarnation d'un maître dans l'épouse d'un autre maître, devenue alors « masculine », et leur solution dans des formes originales d'homoparentalité des âmes, servent d'illustrations aux aspects psychologiques de cette bisexualité essentielle. C'est pour lui l'occasion d'entreprendre, à propos de cette « mystique juive », « l'exploration de la construction de la différence des sexes dans une forme de pensée élaborée en Europe, qui a consacré à cette question beaucoup d'énergie, mais qui demeure pour l'essentiel étrangère aux discours religieux ou philosophiques de l'Occident chrétien[60] ». Le décalage entre sexualité et procréation est rapporté ici à la bisexualité fondamentale de tous, où une dominance apparente, masculine ou féminine, peut être elle-même décalée chez le même individu, par rapport à sa complémentarité profonde ; mais cela rend possibles des décalages féconds au deuxième degré, par dépassement d'une stérilité initiale[61]. Car cela n'entraîne pas pour autant un aplatissement de ces tensions dans une disparition pure et simple de la différence des sexes. Reconnaître le caractère construit de cette différence n'entraîne pas la fusion dans l'indifférencié. Bien au contraire. On peut le voir actuellement en observant la multiplication des différences dans leurs expressions sociales, telles que les ont produites les nouvelles identités, masculines et féminines, qui ont commencé à émerger.

Dans les homosexualités revendiquées, l'homoparentalité, les familles recomposées, la différence des sexes, loin d'être effacée, est démultipliée. On peut parier que cette tendance ne fera que s'amplifier. Au lieu d'être limitée à une différence simple à l'intérieur du couple, elle différenciera en outre les couples les uns par rapport aux autres : homosexuels masculins, homosexuels féminins et hétérosexuels. On peut évidemment augmenter les combinaisons en envisageant des bisexualités à trois ou plus… Dans tous les cas, les sexes resteront différents, de même qu'ils sont déjà différents à l'intérieur de chaque individu. Les différences de sexe seront toujours là. Seules les apparences et leurs fonctions physiologiques, psychologiques et sociales, seront modifiées.

Ces considérations, et tant d'autres du même type, permettent de rechercher dans ces anciens textes – comme dans les mythes – des éléments pour analyser les transformations contemporaines sous d'autres éclairages que celui d'aberrations absolues. Ce qui semble nouveauté inouïe retrouve alors une place dans une nature humaine plus profonde et plus ancienne qu'on ne l'avait cru.

En évitant de tomber dans le piège de transpositions simplificatrices, ces rappels peuvent servir à imaginer, pour l'avenir, de nouvelles formes d'Éros, ouvertes sur un dépassement de soi, intellectuel et affectif, en sorte que ce monde futur, qui s'annonce comme un cauchemar, rapproche au contraire l'humanité de demain et après-demain de ce qui pourrait être un nouvel Éden.

Il est instructif, de ce point de vue, de lire la nouvelle préface d'Aldous Huxley à son *Meilleur des mondes*, écrite en 1946 à la sortie de la Seconde Guerre mondiale, soit quatorze ans après la première édition. Il y observait que l'utopie totalitaire de son livre, où la technique et la science serviraient à résoudre ce qu'il appelait le « problème du bonheur » – en d'autres termes, le problème consistant à faire aimer aux gens leur servitude – était beaucoup plus proche qu'on n'avait pu l'imaginer quinze ans plus tôt[62]. Il l'avait alors projetée dans un avenir de six cents ans, mais il lui semblait maintenant « pratiquement possible que cette horreur puisse s'être abattue sur nous dans le délai d'un siècle ». Parmi les signes avant-coureurs de cette « révolution profonde, personnelle, dans les esprits et les corps humains », nécessaire à l'établissement « de l'amour de la servitude », il voyait déjà en 1946 l'évolution vers une promiscuité sexuelle du type de celle du *Meilleur des mondes*, associée à la « standardisation des produits humains » par diverses techniques de conditionnement. Il prévoyait que « dans quelques années, sans doute, on vendra des permis de mariage comme on vend des permis de chiens, valables pour une période de douze mois, sans aucun règlement interdisant de changer de chien ou d'avoir plus d'un animal à la fois. [Car] à mesure que diminue la liberté économique et politique, la liberté sexuelle a tendance à s'accroître en compensation. [...] Conjointement avec la liberté de se livrer aux songes en plein jour sous l'influence des drogues, du cinéma et de la radio, elle contribuera à réconcilier ses sujets [de la dictature mondiale] avec la servitude qui sera leur sort».

Et pourtant, il témoigne, dans cette nouvelle préface, de sa propre évolution par rapport à son roman, dont il qualifie maintenant l'auteur d'« esthète amusé et pyrrhonien [...] auteur de la fable[63] ». Sous l'effet de cette évolution, il aurait imaginé, dit-il, une autre fin pour son roman, telle que celui-ci, ainsi modifié, « posséderait quelque chose de complet, artistiquement et (si l'on peut se permettre d'employer un si grand mot au sujet d'un ouvrage d'imagination) philosophiquement, qui lui fait évidemment défaut sous sa forme actuelle[64] ».

Il faut dire qu'entre-temps il avait publié un essai sur la *philosophia perennis*[65] et que ses œuvres futures allaient porter sur des explorations d'états modifiés de conscience, comme ouvertures sur un élargissement et une élévation de l'esprit humain[66]. S'il avait écrit son livre en 1946, il l'aurait donc terminé autrement que par le suicide de son héros, le « Sauvage », pris entre deux formes de folie, celle de l'utopie totalitaire de la technoscience du *Meilleur des mondes* et celle de l'existence primitive d'avant la technique. Une troisième possibilité lui serait offerte : « Entre les solutions utopienne et primitive de son dilemme, il y aurait la possibilité d'une existence saine d'esprit [...]. La science et la technologie seraient utilisées comme si, tel le Repos Dominical, elles avaient été faites pour l'homme, et non (comme il en est à présent, et comme il en sera encore davantage dans le meilleur des mondes) comme si l'homme devait être adapté et asservi à elles. La religion serait la poursuite consciente et intelligente de la Fin Dernière de l'homme, la connaissance unitive du Tao ou Logos immanent, de la Divinité ou Brahman transcendant. Et la philosophie dominante de la vie serait une espèce d'Utilitarisme Supérieur, dans lequel le principe du Bonheur Maximum serait subordonné au principe de la Fin Dernière – la première question qui se poserait et à laquelle il faudrait répondre, dans chacune des contingences de la vie, étant : "Comment cette pensée ou cet acte contribueront-ils ou mettront-ils obstacle à la réalisation, par moi-même et par le plus grand nombre possible d'individus, à la fin dernière de l'homme ?" [67]. »

On peut certes mettre en doute l'existence d'une

telle « Fin Dernière de l'homme », dont nous devrions découvrir un contenu explicite, à vocation éventuellement universelle, alors qu'on sait que cela fut souvent le fait d'idéologies ou de messianismes totalitaires. À moins de considérer plutôt une telle fin comme construite et personnelle, tout en recherchant une relative harmonie avec celle des autres. Quoi qu'il en soit, Huxley replaçait alors les projections catastrophiques du *Meilleur des mondes* dans un contexte d'où toute possibilité de salut n'était plus exclue. C'est ainsi qu'il concluait sa préface, de façon sombre certes, mais pas désespérée : « En vérité, à moins que nous ne nous décidions à décentraliser et à utiliser la science appliquée, non pas comme une fin en vue de laquelle les êtres humains doivent être réduits à l'état de moyens, mais bien comme le moyen de produire une espèce d'individus libres, nous n'avons le choix qu'entre deux solutions : ou bien un certain nombre de totalitarismes nationaux, militarisés, ayant comme racine la terreur de la bombe atomique, et comme conséquence la destruction de la civilisation (ou, si la guerre est limitée, la perpétuation du militarisme) ; ou bien un seul totalitarisme supranational, suscité par le chaos social résultant du progrès technologique rapide en général et de la révolution atomique en particulier, et se développant, sous le besoin du rendement et de la stabilité, pour prendre la forme de la tyrannie- providence de l'Utopie. On paie son argent et l'on fait son choix[68]. »

Rappelons une dernière fois que le rôle des prédictions catastrophiques, comme de celles des prophètes de malheur, est d'inciter ceux qui y croient à tout faire pour éviter leur réalisation. Il n'est donc pas exclu qu'une grande partie des projections imaginatives que nous avons envisagées ne se réalise pas.

Toutes les sociétés n'évolueront peut-être pas sur le modèle de l'individualisme et du marché tout-puissant des États-Unis d'Amérique. Il n'est pas certain que la société américaine elle-même n'atténue pas les excès de son modèle, dans un avenir plus ou moins lointain, en imposant quelques restrictions aux désirs illimités des individus, même de ceux qui peuvent payer.

La structure familiale biparentale peut très bien ne pas disparaître, après tout. Il n'est pas exclu qu'elle soit conservée volontairement à cause des charmes affectifs que beaucoup y trouvent encore et y trouveront peut-être dans l'avenir, malgré les tentations de l'individualisme. On peut concevoir que des communautés, religieuses ou autres, conservent jalousement ce mode de vie, même en utilisant éventuellement les technologies de la reproduction, y compris l'utérus artificiel et le clonage, dans le cadre de l'organisation familiale parentale et fraternelle qu'elles auront décidé de conserver.

Plusieurs expériences biosociétales pourront coexister. Certaines pourront l'emporter et survivre, tandis que d'autres disparaîtront ou se transformeront.

Enfin, comme le suggère en 1946 le « second » Huxley, une voie étroite reste ouverte malgré tout ; celle d'une conversion philosophique vers la recherche d'une liberté de type spinoziste, par la connaissance du monde, des autres et de soi. Émergeront alors peut-être des sociétés comme celle de Castalie qu'imaginait Hermann Hesse dans sa fiction du *Jeu des perles de verre*. Conversion néoplatonicienne vers l'Un, favorisée par un nouvel Éden, qu'une technique hors des contraintes de l'animalité humaine aurait construit ; ou sur le mode exemplaire que raconte Spinoza au début de son *Traité de la réforme de l'entendement*, quand il décide d'entreprendre une recherche qui le conduira finalement, dans la joie de la connaissance, à la liberté et au bonheur du sage de la fin de son *Éthique*: « [...] j'ai décidé enfin de chercher s'il y avait quelque chose qui fût un vrai bien et pouvant se communiquer, et qui serait seul à affecter l'esprit, toutes les autres choses ayant été rejetées ; bien plus, s'il y avait quelque chose grâce à la découverte et l'acquisition de laquelle je jouirais d'une joie continue et suprême pour l'éternité. [...] Car les choses qui arrivent la plupart du temps dans la vie, et qui, chez les hommes, comme il est possible de l'inférer de leurs œuvres, sont estimées comme le bien suprême, se ramènent à ces trois-ci, à savoir : les richesses, l'honneur, et la sexualité (*libidinum*). L'esprit est à ce point diverti par ces trois choses qu'il peut le moins penser à un autre bien. [...] Or, toutes ces choses que poursuit le commun, non seulement n'apportent aucun remède pour la conservation de notre être, mais encore l'empêchent, et sont fréquemment la cause de la perte de ceux qui les possèdent, et sont toujours la cause de la perte de ceux qui sont possédés par elles. [...] [Mais] je voyais que ces maux ne sont pas d'une telle condition, qu'ils ne veuillent céder aux remèdes, [...] surtout après avoir vu que l'acquisition de monnaies, ou la sexualité, et la gloire ne nuisent que tant qu'elles sont cherchées pour elles-mêmes et non comme moyens pour d'autres choses, mais que, si elles sont cherchées comme moyens, elles auront alors de la mesure et nuiront le moins, mais contribueront beaucoup à la fin pour laquelle elles sont cherchées, comme nous le montrerons en son lieu[69]. »

Notes

1. John B. S. Haldane, *Daedalus or Science and the Future*, Londres, Kegan Paul Publ., 1923 ; repris dans Krishna Rao Dronamraju, dir., *Haldane's Daedalus Revisited*, Oxford, Oxford University Press, 1995, p. 23-47.

2. Voir K. R. Dronamraju, dir., *ibid.*, Introduction.

3. *Ibid.*, p. 16.

4. J. B. S. Haldane, *Daedalus*, *ibid.*, p. 35.

5. Les *Lebensborn* étaient des centres d'élevage humain, organisés par les SS en Allemagne nazie, où des hommes et des femmes correspondant aux critères d'appartenance à la « race aryenne » (grands, blonds, etc.) étaient forcés de s'accoupler pour produire des enfants, en vue de sélectionner et de développer la prétendue « race des surhommes ». Sur cette organisation et sur le rapt des enfants de « sang pur » à travers l'Europe, voir Marc Hillel, *Au nom de la race*, Paris, Fayard, 1975.

6. J. B. S. Haldane, *Daedalus*, *op. cit.*, p. 42.

7. Mary Godwin Shelley (1797-1851). Elle n'a pas vingt ans quand elle compose *Frankenstein ou le Prométhée moderne.*

8. J. B. S. Haldane, *Daedalus*, *op. cit.*, p. 37.

9. *Ibid.*

10. *Ibid.*, p. 36.

11. Voir Henri Atlan, *Les Étincelles de hasard*, Paris, Éd. du Seuil, 1999, t. 1, *Connaissance spermatique*, chap. I.

12. *Ibid.*

13. J. B. S. Haldane, *Daedalus*, dans K. R. Dronamraju, dir., *op. cit.*, p. 46.

14. Voir Mireille Delmas-Marty, *Pour un droit commun*, Paris, Éd. du Seuil, 1994.

15. J. B. S. Haldane, *Daedalus*, *op. cit.*, p. 47.

16. *Ibid.*

17. Serge Pampfer, I. Vanderheyden, B. Michiels et R. de Hertogh, « Co-culture of Two Cell Rat Embryos on Cell Monolayers », *In Vitro Cellular and Developmental Biology*, 26 (10), 1990, p. 944-948.

18. Voir par exemple un compte rendu de Jonathan Knight, « An Out of Body Experience », dans *Nature*, 419, septembre 2002, p. 106-107.

19. Cf. Henri Atlan, *La Fin du « tout génétique » ? Nouveaux paradigmes en biologie*, Paris, INRA Éditions, 1999.

20. Tanja Dominko *et al.*, « Bovine Oocyte Cytoplasm Supports Development of Embryos Produced by Nuclear Transfer of Somatic Cell Nuclei from Various Mammalian Species », *Biology of Reproduction*, 60, 1999, p. 1496-1502 ; Ying Chen *et al.*, *Cell Research*, 13 (4), août 2003, p. 251-263.

21. T. Dominko *et al.*, « Bovine Oocyte Cytoplasm Supports Development... », *loc. cit.*

22. Y. Chen *et al.*, *Cell Research*, *op. cit.*

23. *Ibid.*

24. Woo Suk Hwang *et al.*, « Evidence of a Pluripotent Human Embryonic Stem Cell Line Derived from a Cloned Blastocyst », *Science*, 303, 2004, p. 1669-1674.

25. T. Dominko *et al.*, « Bovine Oocyte Cytoplasm Supports Development... », *loc. cit.*

26. Tomoshiro Kono *et al.*, « Birth of Parthenogenetic Mice that Can Develop to Adulthood », *Nature*, 428, 2004, p. 860-863.

27. Joshua Lederberg, « Experimental Genetics and Human Evolution », *Bulletin of the Atomic Scientists*, octobre 1966, p. 4-11.

28. Jürgen Habermas, *L'Avenir de l'espèce humaine. Vers un eugénisme libéral*, trad. C. Bouchindhomme, Paris, Gallimard, 2002.

29. Voir Yan Thomas, « Le "ventre". Corps maternel, droit paternel », *Le Genre humain*, 14, 1986, *La Valeur*, p. 211-236.

30. Pour une analyse critique de cette affaire, voir Olivier Cayla et Yan Thomas, *Du droit de ne pas naître. À propos de l'affaire Perruche*, Paris, Gallimard, 2002.

31. Après Huxley, la science-fiction s'est largement emparée de l'utérus artificiel. Par là, elle contribuera à en banaliser la pratique, pour le jour où la technique l'aura rendue possible. Alors, comme dans le cas de plusieurs innovations techniques extraordinaires, on la désignera probablement par son sigle, « UA », à l'instar des PMA, IAD et autres IA (intelligence artificielle).

32. Voir par exemple Merlin Stone, *When God Was a Woman*, New York, Harcourt Brace Jovanovich, 1978.

33. Marcel Detienne, « Les Danaïdes entre elles », dans *L'Écriture d'Orphée*, Paris, Gallimard, 1989, p. 57.

34. Y. Thomas, « Le "ventre"... », *loc. cit.*

35. Rite de naissance dans lequel c'est le père qui est entouré de soins dans la maison, tandis que la mère accouche à l'écart, dans la forêt. Rapporté par Bruno Bettelheim, avec certains rites d'initiation, comme exemples d'accaparement symbolique par les hommes du pouvoir procréatique des femmes, dans *Symbolic Wounds : Puberty Rites and the Envious Male*, New York, Collier Books,

1968 ; trad. fr. C. Monod, *Les Blessures symboliques. Essai d'interprétation des rites d'initiation*, Paris, Gallimard, 1971.

36. Voir sur ces questions Y. Thomas, « Le "ventre"… », *loc. cit.*

37. Élisabeth Badinter, *XY. De l'identité masculine*, Paris, Odile Jacob, 1986.

38. *Ibid.*, p. 26-27.

39. Outre les études d'Élisabeth Badinter (*XY*, *op. cit.*), de Françoise Héritier (*Masculin / Féminin. La pensée de la différence*, Paris, Odile Jacob, 1996) et de Sylviane Agacinski (*Politique des sexes*, Paris, Éd. du Seuil, 1998), un article de Nancy Huston nous semble résumer les ambiguïtés idéologiques et morales de beaucoup de revendications féministes : « Le féminisme comme éthique », *Le Genre humain*, 14, 1986, *La Valeur*, p. 161-174. Pour le sujet qui nous concerne ici, comme pour les questions de parité politique, les contradictions sont évidentes. D'un côté, Marcela Iacub (*L'Empire du ventre*, Paris, Fayard, 2004) souhaite que le droit dissocie totalement, d'ores et déjà, la maternité de la grossesse et de l'accouchement, grâce à la banalisation des mères porteuses et des adoptions. Un statut des pères renforcé contribuerait aussi à supprimer la dissymétrie naturelle qu'établit la grossesse entre maternité visible et paternité seulement présumée. Mais on voit que ce qui, pour elle, libérerait les femmes de leur enfermement dans un pouvoir matriciel trompeur, impliquerait au contraire, pour Gena Corea, l'asservissement des mères porteuses à la perpétuation du pouvoir patriarcal, dans ce qu'elle appelle des « bordels reproductifs », avec l'aide du pouvoir médical inséminateur (voir plus loin *The Mother Machine. Reproductive Technologies from Artificial Insemination to Artificial Wombs*, New York, Harper & Row, 1985). Comme on l'a déjà dit, l'utérus artificiel, en permettant de se passer de mère porteuse, permettra peut-être de dépasser cette

contradiction, sans que pour autant les autres problèmes qui se poseront alors soient automatiquement résolus. Enfin, en filiation lointaine, peut-être, avec Luce Irigaray (*Speculum de l'autre femme*, Paris, Éd. de Minuit, 1974), Mylène Botbol-Baum analyse le contexte philosophique de cette opposition entre « écoféminisme » technophobe et radicalisme féministe technophile, avec la tentative « cyberféministe » de Donna Haraway (*Simians, Cyborgs and Women. The Reinvention of Nature*, Londres, Free Association Books, 1991) d'inventer un troisième terme dans la fiction d'un « utérus technoscientifique » (voir M. Botbol-Baum, « Le cyberféminisme d'Haraway et "l'utérus technoscientifique" », dans *Les Philosophes de la technique*, sous la dir. de P. Chabot et G. Hottois, Paris, Vrin, 2003, p. 253-272).

40. É. Badinter, *XY*, *op. cit.*, p. 277-278.

41. G. Corea, *The Mother Machine*, *op. cit.*

42. Geneviève Delaisi de Parseval et Alain Janaud, *L'Enfant à tout prix*, Paris, Éd. du Seuil, 1983.

43. Gena Corea, *The Hidden Malpractice : How American Medicine Mistreats Women*, New York, Harper & Row Publ., 1985.

44. Pour un résumé de cette affaire, voir Henri Atlan, *Les Étincelles de hasard*, Paris, Éd. du Seuil, 2003, t. 2, *Athéisme de l'Écriture*, chap. VIII, p. 279-280.

45. Mary Daly, *Gyn/Ecology*, Boston, Beacon Press, 1978.

46. Elizabeth Fisher, *Woman's Creation*, New York, McGraw Hill Co., 1979.

47. G. Corea, *The Mother Machine*, *op. cit.*, p. 289 et 299, n. 5.

48. N. Huston, « Le féminisme comme éthique », *loc. cit.*

49. Abel Fletcher, cité par G. Corea, *The Mother Machine*, *op. cit.*, p. 292.

50. Janine Raymond, cité par G. Corea, *ibid.*

51. Lee M. Silver, *Remaking Eden. How Genetic Engineering and Cloning Will Transform the American Family*, New York, Perennial-Harper Collins Publ., 1997, 2002.

52. H. Atlan, *Les Étincelles de hasard*, *op. cit.*, t. 1, chap. I.

53. Riane Eisler et Daniel S. Levine, « Nurture, Nature, and Caring. We are not Prisoners of our Genes », *Brain and Mind*, 3, 2002, p. 9-52 ; Thomas R. Insel et Larry J. Young, « The Neurobiology of Attachment », *Nature Review of Neurosciences*, 2, 2001, p. 129-136.

54. M. M. Cho, C. DeVries, J. R. Williams et C. S. Carter, « The Effects of Oxytocin and Vasopressin on Partner Preferences in Male and Female Prairie Voles (*Microtus ochrogaster*) », *Behavioral Neurosciences*, 113, 1999, p. 1071-1079.

55. Alan W. Watts, *Nature, Man and Woman*, New York, Pantheon & Vintage Books, Random House, 1958, 1970.

56. Dans Lévitique 19,2, la formule « Soyez sacrés car je suis sacré » introduit aux interdits portant sur différentes sortes de passages à l'acte, tels que l'inceste et d'autres formes de sexualité condamnées par la Loi de Moïse. La traduction fréquente par « Soyez saints car je suis saint » procède d'une tendance à la spiritualisation désincarnée véhiculée par les théologies du pur esprit, culminant dans l'image de la chair comme péché.

57. Charles Mopsik, *Le Sexe des âmes. Aléas de la différence sexuelle dans la Cabale*, Paris-Tel Aviv, Éd. de l'Éclat, 2003.

58. *Ibid.*, p. 67-68.

59. *Ibid.*, p. 66.

60. *Ibid.*, p. 88.

61. *Ibid.*

62. Aldous Huxley, Préface nouvelle pour l'édition de 1946 du *Meilleur des mondes*, trad. J. Castier, Paris, Plon, 1958 ; rééd. Paris, Pocket, p. 16-17, et *ibid.* pour la suite.

63. *Ibid.*, p. 8.

64. *Ibid.*, p. 10.

65. Aldous Huxley, *The Perennial Philosophy*, New York, Harper & Row, 1944 ; trad. J. Castier, *La Philosophie éternelle*, Paris, Plon, 1948 (rééd. Paris, Éd. du Seuil, coll. « Points sagesses », 1977).

66. Id., *The Doors of Perception*, suivi par *Heaven and Hell*, Hardmondsworth, Penguin Books 1971 (trad. fr. J. Castier, *Les Portes de la perception*, Paris, UGE, coll. « 10/18 », 1977) ; et « Visionary Experience » dans John White, dir., *The Highest State of Consciousness*, New York, Anchor Books, 1972, p. 37-57.

67. A. Huxley, Préface nouvelle, *op. cit.*, p. 10.

68. *Ibid.*, p. 18.

69. Baruch Spinoza, *Traité de la réforme de l'entendement*, § 1-11, d'après la traduction de B. Rousset, Paris, Vrin, 1992.

Glossaire

ADN (acide désoxyribonucléique) : molécules constitutives des gènes, localisées essentiellement sur les chromosomes, dans le noyau des cellules. Il existe aussi quelques ADN dans les mitochondries. Leur structure linéaire est faite de longues séquences de quatre motifs (bases nucléotidiques A, C, T, G) dont l'ordre code des séquences correspondantes d'acides aminés constituant les protéines. En outre, des fragments d'ADN chromosomiques, à structure souvent répétitive, ne codent pas pour des protéines et ne sont donc pas considérés comme des gènes proprement dits. Ils constituent environ 90 % de la totalité des ADN chromosomiques et leur fonction n'est pas connue.

Blastocyste : structure embryonnaire d'une centaine de cellules qui commencent à se différencier en celles qui produiront l'embryon proprement dit et celles qui produiront le placenta et les annexes après implantation utérine. Voir p. 29.

Bouturage : reproduction asexuée, naturelle chez les plantes par régénération d'une plante génétiquement identique à partir d'une de ses parties.

Cellule-œuf, œuf fécondé : cellule initiale produite par fécondation. Ses divisions successives produisent toutes les cellules du futur embryon et de ses annexes (placenta, sac amniotique).

Chimère : organisme constitué par fusion très précoce de cellules-œufs différentes, provenant éventuellement de deux espèces différentes, immédiatement après fécondation. L'organisme chimérique contient des cellules provenant de chacune des deux espèces. Comme dans le cas de moutons-chèvres développés jusqu'à l'âge adulte, des cellules et des tissus de chacune des deux espèces sont juxtaposés dans l'organisme chimérique ainsi produit. Il peut arriver naturellement chez l'homme que des cellules-œufs de deux faux jumeaux fusionnent après fécondation et produisent ainsi des « chimères » à l'intérieur de la même espèce : le même individu porte des cellules et des tissus provenant de deux génomes différents. Les pseudo-embryons produits sans fécondation par transfert de noyau d'une espèce dans l'ovule énucléé d'une autre espèce doivent être distingués des chimères : toutes les cellules y sont génétiquement identiques car elles sont issues d'une cellule initiale à un seul noyau.

Chromosomes : supports des gènes, dans le noyau des cellules. Regroupés par paires, leur forme et leur nombre sont caractéristiques de chaque espèce. On en compte 46, soit 23 paires dans l'espèce humaine. Dans chaque paire, l'un des chromosomes provient de la mère et l'autre du père. Une paire de chromosomes dénommés X et Y détermine le sexe. Quand ils sont semblables, « XX », celui-ci est féminin. Quand l'un des deux est plus petit, « XY », le sexe est masculin.

Diagnostic préimplantatoire : analyse génétique d'embryons multiples produits par fécondation *in vitro* avant implantation utérine, permettant de choisir celui ou ceux qui seront implantés et pourront se développer. Technique utilisée en général pour prévenir la naissance d'enfants porteurs d'anomalies génétiques graves dans des familles à risque.

Endomètre, tissu endométrial : tissu qui tapisse la paroi interne de l'utérus. C'est là que s'effectue une « nidification » qui permet l'implantation de l'embryon et le développement du placenta où s'effectuent les échanges avec le sang maternel, sans mélange fusionnel et de façon régulée.

Fécondation : entrée d'un spermatozoïde dans un ovule suivie de la fusion de leurs noyaux. Chaque chromosome apporté par un gamète s'apparie avec le chromosome correspondant dans l'autre gamète. La paire de chromosomes sexuels ainsi reconstituée est soit XX soit XY suivant que le spermatozoïde était porteur d'un X ou d'un Y. Durant le processus, des échanges de fragments de chromosome et des recombinaisons produisent des réarrangements des gènes et autres fragments d'ADN. Le nombre de combinaisons possibles est tel que les séquences d'ADN ainsi produites sont pratiquement uniques pour chaque individu, à l'exception des vrais jumeaux. Ceux-ci sont en effet produits par séparation de deux cellules identiques après la première ou deuxième division de la cellule-œuf.

Gamètes : cellules sexuelles, ovules ou spermatozoïdes. En cours de maturation, ils se différencient des autres cellules de l'organisme en ce que leurs paires de chromosomes se séparent. Chacun d'eux ne contient donc plus que 23 chromosomes. Le chromosome sexuel dans chaque ovule ne peut être que X. Il peut être soit X soit Y dans un spermatozoïde.

In vitro : « dans le verre », c'est-à-dire dans des boîtes, au laboratoire ; par opposition à *in vivo*, à l'intérieur d'un organisme vivant.

Mitochondries : corpuscules contenus dans le cytoplasme des cellules. Elles sont le siège de réactions d'oxydation qui produisent des composés riches en énergie, indispensables au métabolisme cellulaire. Leur structure rappelle celle de bactéries et contient des ADN qui sont répliqués lors des divisions cellulaires, indépendamment de ceux du noyau. Avec leurs gènes, elles sont ainsi transmises exclusivement par les mères avec le cytoplasme de l'ovule car le spermatozoïde ne contribue normalement à la formation d'une cellule-œuf que par son noyau. (Lors des expériences de transfert de noyau dans des ovules énucléés, quelques mitochondries peuvent être transférées dans l'ovule en même temps qu'une partie de cytoplasme accompagnant le noyau.)

Organisme transgénique : organisme dans le génome duquel un ou plusieurs gènes étrangers, éventuellement d'une autre espèce ont été transférés. Cela permet à cet organisme de synthétiser la ou les protéines codées par ce gène. Cela ne suffit évidemment pas pour le faire changer d'espèce. C'est donc à tort que, par métonymie abusive, des souris transgéniques ayant reçu un gène d'origine humaine sont parfois dites « humanisées ».

Parthénogenèse : développement d'un embryon à partir d'un ovule sans fécondation. La cellule-œuf (et toutes les cellules de l'organisme qui en sont issues) contient les mêmes paires de chromosomes (et donc les mêmes gènes) que les cellules de l'organisme qui a produit l'ovule. Ce mode de reproduction asexuée est occasionnel chez certaines espèces d'abeilles et de dindes, mais ne se produit jamais naturellement chez les mammifères.

Pénétrance : pourcentage des porteurs d'une mutation causant une maladie génétique qui développent effectivement cette maladie.

Thérapies géniques : modification d'un gène ou remplacement d'un gène déficient par un gène normal dans le but de soigner une maladie génétique monogénique, c'est-à-dire produite par une anomalie repérée sur un seul gène. La thérapie génique peut s'appliquer sur des cellules somatiques (c'est-à-dire non sexuelles ni embryonnaires) ou sur des cellules germinales (gamètes ou embryons). Plusieurs centaines d'essais de thérapie génique somatique chez l'homme ont été effectués avec très peu de résultats. La thérapie génique germinale est actuellement interdite à cause de ses effets imprévisibles sur la descendance.

Transfert de noyau somatique : un noyau de cellule adulte contenant 2 × 23 chromosomes est transféré dans un ovule d'où le noyau (à 23 chromosomes) a été éliminé. La cellule ainsi formée contient le cytoplasme de l'ovule et les 23 paires de chromosomes d'un organisme, identiques à celles qui s'étaient formées lors de la fécondation qui avait produit la cellule-œuf de cet organisme. La cellule produite par transfert nucléaire a ainsi un noyau génétiquement identique à celui de cette cellule-œuf et de toutes les cellules de l'organisme d'où il a été prélevé – comme si elle était une cellule-œuf d'un vrai jumeau –, mais elle en diffère par son cytoplasme.

Remerciements

Mes remerciements vont à Isabelle Stroweis pour son aide dans la recherche bibliographique et la présentation du manuscrit.

Ce travail n'aurait pas été entrepris sans les encouragements et le soutien de Maurice Olender.

Table

L'auteur

Médecin et biologiste, auteur de nombreux travaux en biologie cellulaire, biophysique et intelligence artificielle, Henri Atlan, professeur émérite de biophysique à Paris et à Jérusalem et directeur d'études en philosophie de la biologie à l'EHESS, poursuit une réflexion critique inspirée de sa pratique scientifique.

Il a publié notamment :

L'Organisation biologique et la Théorie de l'information, Hermann, 1972 ; 1992.

Entre le cristal et la fumée, Éd. du Seuil, 1979 ; coll. « Points sciences », 1986.

À tort et à raison. Intercritique de la science et du mythe, Éd. du Seuil, coll. « Science ouverte », 1986 ; coll. « Points sciences », 1994.

Tout, non, peut-être. Éducation et vérité, Éd. du Seuil, coll. « La librairie du XXe siècle », 1991.

Questions de vie. Entre le savoir et l'opinion (avec la collaboration de Catherine Bousquet), Éd. du Seuil, coll. « Science ouverte », 1994.

Le Clonage humain (avec la collaboration de Marc Augé, Mireille Delmas-Marty, Roger-Pol Droit et Nadine Fresco), Éd. du Seuil, 1999.

Les Étincelles de hasard, Éd. du Seuil, coll. « La librairie du XXe siècle », 1999, t. 1, *Connaissance spermatique.*

La Fin du « tout génétique » ? Vers de nouveaux paradigmes en biologie, INRA Éditions, 1999.

La science est-elle inhumaine ? Essai sur la libre nécessité, Bayard, coll. « Le temps d'une question », 2002.

Les Étincelles de hasard, Éd. du Seuil, coll. « La librairie du XXIe siècle », 2003, t. 2, *Athéisme de l'Écriture.*

La librairie du XXIe siècle

Sylviane Agacinski, *Le Passeur de temps. Modernité et nostalgie.*

Sylviane Agacinski, *Métaphysique des sexes. Masculin/féminin aux sources du christianisme.*

Giorgio Agamben, *La Communauté qui vient. Théorie de la singularité quelconque.*

Henri Atlan, *Tout, non, peut-être. Éducation et vérité.*

Henri Atlan, *Les Étincelles de hasard I. Connaissance spermatique.*

Henri Atlan, *Les Étincelles de hasard II. Athéisme de l'Écriture.*

Henri Atlan, *L'Utérus artificiel.*

Marc Augé, *Domaines et Châteaux.*

Marc Augé, *Non-lieux. Introduction à une anthropologie de la surmodernité.*

Marc Augé, *La Guerre des rêves. Exercices d'ethno-fiction.*

Jean-Christophe Bailly, *Le Propre du langage. Voyages au pays des noms communs.*

Jean-Christophe Bailly, *Le Champ mimétique.*

Marcel Bénabou, *Jacob, Ménahem et Mimoun. Une épopée familiale.*

R. Howard Bloch, *Le Plagiaire de Dieu. La fabuleuse industrie de l'abbé Migne.*

Ginevra Bompiani, *Le Portrait de Sarah Malcolm.*

Yves Bonnefoy, *Lieux et Destins de l'image. Un cours de poétique au Collège de France (1981-1993).*

Philippe Borgeaud, *La Mère des Dieux. De Cybèle à la Vierge Marie.*

Philippe Borgeaud, *Aux origines de l'histoire des religions.*

Italo Calvino, *Pourquoi lire les classiques.*

Italo Calvino, *La Machine littérature.*

Paul Celan, *Le Méridien & autres proses.*

Paul Celan, *Renverse du souffle.*

Paul Celan et Gisèle Celan-Lestrange, *Correspondance.*

Michel Chodkiewicz, *Un océan sans rivage. Ibn Arabî, le Livre et la Loi.*

Antoine Compagnon, *Chat en poche. Montaigne et l'allégorie.*

Hubert Damisch, *Un souvenir d'enfance par Piero della Francesca.*

Michel Deguy, *À ce qui n'en finit pas.*

Daniele Del Giudice, *Quand l'ombre se détache du sol.*

Daniele Del Giudice, *L'Oreille absolue.*

Daniele Del Giudice, *Dans le musée de Reims.*

Mireille Delmas-Marty, *Pour un droit commun.*

Marcel Detienne, *Comparer l'incomparable.*

Marcel Detienne, *Comment être autochtone. Du pur Athénien au Français raciné.*

Milad Doueihi, *Histoire perverse du cœur humain.*

Jean-Pierre Dozon, *La Cause des prophètes. Politique et religion en Afrique contemporaine,* suivi de *La Leçon des prophètes* par Marc Augé.

Norbert Elias, *Mozart. Sociologie d'un génie.*

Rachel Ertel, *Dans la langue de personne. Poésie yiddish de l'anéantissement.*

Arlette Farge, *Le Goût de l'archive.*

Arlette Farge, *Dire et mal dire. L'opinion publique au XVIIIe siècle.*

Arlette Farge, *Le Cours ordinaire des choses dans la cité au XVIIIe siècle.*

Arlette Farge, *Des lieux pour l'histoire.*

Arlette Farge, *La Nuit blanche.*

Lydia Flem, *L'Homme Freud.*

Lydia Flem, *Casanova ou l'Exercice du bonheur.*

Lydia Flem, *La Voix des amants.*

Lydia Flem, *Comment j'ai vidé la maison de mes parents.*

Lydia Flem, *Panique.*

Nadine Fresco, *Fabrication d'un antisémite.*

Marcel Gauchet, *L'Inconscient cérébral.*

Jack Goody, *La Culture des fleurs.*

Jack Goody, *L'Orient en Occident.*

Anthony Grafton, *Les Origines tragiques de l'érudition. Une histoire de la note en bas de page.*

Jean-Claude Grumberg, *Mon père. Inventaire,* suivi de *Une leçon de savoir-vivre.*

François Hartog, *Régimes d'historicité. Présentisme et expériences du temps.*

Jacques Le Brun, *Le Pur Amour de Platon à Lacan.*

Jean Levi, *Les Fonctionnaires divins. Politique, despotisme et mystique en Chine ancienne.*

Jean Levi, *La Chine romanesque. Fictions d'Orient et d'Occident.*

Nicole Loraux, *Les Mères en deuil.*

Nicole Loraux, *Né de la Terre. Mythe et politique à Athènes.*

Patrice Loraux, *Le Tempo de la pensée.*

Charles Malamoud, *Le Jumeau solaire.*

Marie Moscovici, *L'Ombre de l'objet. Sur l'inactualité de la psychanalyse.*

Velcheru Narayana Rao, David Shulman et Sanjay Subrahmanyam, *Textures du temps. Écrire l'histoire en Inde.*

Michel Pastoureau, *L'Étoffe du diable. Une histoire des rayures et des tissus rayés.*

Michel Pastoureau, *Une histoire symbolique du Moyen Âge occidental.*

Georges Perec, *L'infra-ordinaire.*

Georges Perec, *Vœux.*

Georges Perec, *Je suis né.*

Georges Perec, *Cantatrix sopranica L. et autres écrits scientifiques.*

Georges Perec, *L. G. Une aventure des années soixante.*

Georges Perec, *Le Voyage d'hiver.*
Georges Perec, *Un cabinet d'amateur.*
Georges Perec, *Beaux présents, belles absentes.*
Georges Perec, *Penser/Classer.*
J.-B. Pontalis, *La Force d'attraction.*
Jean Pouillon, *Le Cru et le Su.*
Jacques Rancière, *Courts Voyages au pays du peuple.*
Jacques Rancière, *Les Noms de l'histoire. Essai de poétique du savoir.*
Jacques Rancière, *La Fable cinématographique.*
Jean-Michel Rey, *Paul Valéry. L'aventure d'une œuvre.*
Jacqueline Risset, *Puissances du sommeil.*
Denis Roche, *Dans la maison du Sphinx. Essais sur la matière littéraire.*
Olivier Rolin, *Suite à l'hôtel Crystal.*
Charles Rosen, *Aux confins du non-sens. Propos sur la musique.*
Israel Rosenfield, *« La Mégalomanie » de Freud.*
Francis Schmidt, *La Pensée du Temple. De Jérusalem à Qoumrân.*
Jean-Claude Schmitt, *La Conversion d'Hermann le Juif. Autobiographie, histoire et fiction.*
Michel Schneider, *La Tombée du jour. Schumann.*
Michel Schneider, *Baudelaire. Les années profondes.*
Jean Starobinski, *Action et Réaction. Vie et aventures d'un couple.*
Anne-Lise Stern, *Le Savoir-déporté. Camps, histoire, psychanalyse.*

Antonio Tabucchi, *Les Trois Derniers Jours de Fernando Pessoa. Un délire.*

Antonio Tabucchi, *La Nostalgie, l'Automobile et l'Infini. Lectures de Pessoa.*

Antonio Tabucchi, *Autobiographies d'autrui. Poétiques a posteriori.*

Emmanuel Terray, *La Politique dans la caverne.*

Emmanuel Terray, *Une passion allemande. Luther, Kant, Schiller, Hölderlin, Kleist.*

Jean-Pierre Vernant, *Mythe et Religion en Grèce ancienne.*

Jean-Pierre Vernant, *Entre mythe et politique.*

Jean-Pierre Vernant, *L'Univers, les Dieux, les Hommes. Récits grecs des origines.*

Jean-Pierre Vernant, *La Traversée des frontières. Entre mythe et politique II.*

Nathan Wachtel, *Dieux et Vampires. Retour à Chipaya.*

Nathan Wachtel, *La Foi du souvenir. Labyrinthes marranes.*

Catherine Weinberger-Thomas, *Cendres d'immortalité. La crémation des veuves en Inde.*

Natalie Zemon Davis, *Juive, Catholique, Protestante. Trois femmes en marge au* XVIIe *siècle.*

RÉALISATION : PAO ÉDITIONS DU SEUIL
IMPRESSION : IMPRIMERIE HÉRISSEY À ÉVREUX (EURE)
DÉPÔT LÉGAL : SEPTEMBRE 2005. N° 79978-3 (100076)
IMPRIMÉ EN FRANCE